高职高专"十二五"规划教材

数控加工综合实训教程

主　编　陈智刚

副主编　刘志安

参　编　彭实名　吴在丞

　　　　梁斯仁　蔡元珍

机械工业出版社

本书是目前数控加工实训指导较全的一本书,全书有华中系统数控车床实训指导书、华中系统数控铣床实训指导书、西门子系统数控铣床实训指导书、FANUC 系统加工中心实训指导书、数控线切割实训指导书共五个实训指导书。每个实训指导书均有若干个实训课题,学校可根据实训设备和学时情况选择其中的几个课题进行教学。每个实训的前几个课题是基本技能训练课题,要求学生必须理解与掌握;后面是综合实训题,在学时充足的情况下可作为学生提高练习题。

本书可作为高职院校和技工学校机械设计与制造、数控技术、模具设计与制造等专业的实训教材,也可作教师培训、企业转岗人员培训实训教材。

本书配有电子课件,凡使用本书作为教材的教师可登录机械工业出版社教材服务网 www.cmpedu.com 下载。咨询邮箱:cmpgaozhi@sina.com。咨询电话:010-88379375。

图书在版编目(CIP)数据

数控加工综合实训教程/陈智刚主编. —北京:机械工业出版社,2013.6(2017.1 重印)
高职高专"十二五"规划教材
ISBN 978 - 7 - 111 - 43650 - 8

Ⅰ.①数… Ⅱ.①陈… Ⅲ.①数控机床 - 加工 - 高等职业教育 - 教材 Ⅳ.①TG659

中国版本图书馆 CIP 数据核字(2013)第 185781 号

机械工业出版社(北京市百万庄大街22号 邮政编码100037)
策划编辑:王海峰 责任编辑:王海峰 王德艳
版式设计:霍永明 责任校对:刘秀丽
封面设计:鞠 杨 责任印制:常天培
北京京丰印刷厂印刷
2017 年 1 月第 1 版·第 2 次印刷
184mm×260mm·12.75 印张·312 千字
3 001—4 900 册
标准书号:ISBN 978 - 7 - 111 - 43650 - 8
定价:27.00 元

前　　言

　　根据高职高专院校人才培养定位，机械加工实训一直是机械制造类专业的必修课程之一，也是培养学生动手能力、使学生获得加工技能最关键的一门课程。

　　本书是根据高等职业教育数控技术专业的实训教学大纲，并结合学校现有设备条件而编写的。教材中使用的实训设备都是企业中广泛使用的机型。数控系统有西门子、华中数控和FANUC系统，这也是大多学校普遍使用的教学系统。

　　本书是根据数控专业岗位群需求，以"工学结合"为切入点，以"工作任务"为导向，以实训指导书的形式进行编排的，每个实训指导书都有明确的实训目标与要求、实训前应学习的知识与技能、教学前工量具的准备、详细的操作步骤和安全注意事项等，以及实训完毕应完成的相关作业和应填写的实训报告等。只要学生按照指导书的要求去做，就能较好地完成实训工作任务。

　　本书共分五个实训指导书，其中，华中系统数控车床实训指导书由江西现代职业技术学院吴在丞编写；华中系统数控铣床实训指导书由江西现代职业技术学院彭实名编写；西门子系统数控铣床实训指导书由江西现代职业技术学院梁斯仁编写，FANUC系统加工中心实训指导书由江西现代职业技术学院刘志安编写，数控线切割实训指导书由江西现代职业技术学院蔡元珍编写。本书由江西现代职业技术学院陈智刚教授担任主编，负责实训教程的教学设计与编写总策划和指导，由刘志安担任副主编。

　　本书在编写过程中，得到了机械学院教务科同仁的大力支持，并得到了许多宝贵意见，在此谨致谢意。

　　由于作者水平所限，书中难免有欠妥和疏漏之处，敬请广大读者批评指正。

编　者

目　　录

课题一　数控车床基本操作

一、实训目标及课时

1）熟悉 HNC-21/22T 数控系统控制面板软件操作界面构成及各按键的用法。

2）掌握数控车床的基本操作。

3）需用课时：14 学时。

二、实训设备、刀具、量具、夹具与材料

世纪星 HNC-21/22T 系统数控车床。

三、安全操作要点

1）遵守机床安全操作规程（如长发要戴帽子，加工时不能戴手套，不能用手直接清理切屑，加工前要关好防护门等）。

2）开机前要对机床进行检查，确保机床、刀具、夹具处于良好状态，"急停"按钮处于急停状态。

3）回参考点前，手动移动刀架，要先移动"-Z"，再移动"-X"，以避免刀架与尾座发生碰撞。

4）回参考点时，要先移动"+X"，再移动"+Z"。以避免刀架与尾座发生碰撞。

5）校验程序时，为了避免因"校验程序"按钮没按下而引起撞机，可将"机床锁住"按钮按下。注意："机床锁住"按钮只能锁住机床进给，不能锁住主轴旋转和刀架换刀。

6）若未准备就绪或未做好准备，因操作失误造成机床自动运行时，请务必按下"急停"按钮。

四、实训操作步骤（含实训内容）

（1）机床基本操作

1）开机。

①检查机床状态是否正常。

②检查电源电压是否符合要求，接线是否正确。

③按下"急停"按钮。

④机床上电。

⑤数控系统上电。

⑥检查风扇电动机运转是否正常。

⑦检查面板上的指示灯是否正常。

2）复位。系统上电进入软件操作界面时，初始工作方式为"急停"，为控制系统运行，需右旋并拔起操作台右上角的"急停"按钮使系统复位，并接通伺服电源。

3）机床回参考点。

①如果系统显示的当前工作方式不是回零方式，按一下控制面板上面的"回零"按键，确保系统处于回零方式。

②根据 X 轴机床参数"回参考点方向"，按一下"＋X"按键，X 轴回到参考点后，"＋X"按键的指示灯亮。

③用同样的方法使用"＋Z"按键，使 Z 轴回到参考点。

4）关机。

①按下控制面板上的"急停"按钮，断开伺服电源。

②断开数控电源。

③断开机床电源。

（2）HNC-21/22T 数控系统控制面板各按键的用法

1）机床控制面板。机床控制面板用于直接控制机床的动作或加工过程（见图 1-1）。

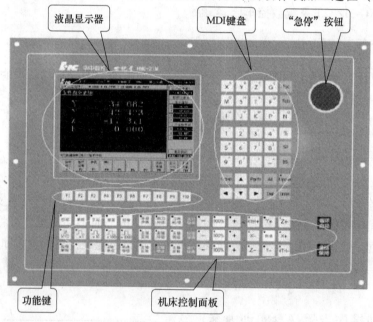

图 1-1　机床控制面板

2）控制面板上按键、按钮的作用和使用方法。

①急停 ●。机床运行过程中，在危险或紧急情况下，按下"急停"按钮，CNC 即进入急停状态，伺服进给和主轴运转立即停止工作；松开"急停"按钮，CNC 进入复位状态。

注意：在启动或退出系统之前应按下"急停"按钮以保障人身、财产安全。

②循环启动/进给保持 ■。在自动和 MDI 运行方式下，用来启动和暂停程序。

③方式选择 <u>自动 单段 手动 增量 回参考点</u>。

"自动"：自动运行方式。

"单段"：单程序段执行方式。

"手动"：手动连续进给方式。

"增量"：增量/手摇脉冲发生器进给方式。

"回参考点"：返回机床参考点方式。

注意：控制面板上的方式选择互锁，即按一下其中一个（指示灯亮），其余几个会失效（指示灯灭）。

④手动按键 <u>-X 快进 -Z +Z +X</u>。"+X"、"+Z"、"-X"、"-Z"按键用于在手动状态下的连续进给、增量进给和返回机床参考点方式下，选择进给坐标轴和进给方式。"+C"、"-C"只是在车削加工中心上有效，用于手动进给 C 轴。

⑤手动机床动作控制。

主轴正转：在手动方式下，按一下"主轴正转"按键（指示灯亮），主电动机以机床参数设定的转速正转。

主轴反转：在手动方式下，按一下"主轴反转"按键（指示灯亮），主电动机以机床参数设定的转速反转。

主轴停止：在手动方式下，按一下"主轴停止"按键（指示灯亮），主电动机停止运转。

主轴点动：按住"主轴点动"按键（指示灯亮），主轴将产生连续转动；松开"主轴点动"按键（指示灯灭），主轴即减速停止。

冷却开/停：在手动方式下，按一下"冷却开/停"按键，切削液开启（默认值为切削液关），再按一下又为切削液关闭，如此循环。

刀位选择：在手动方式下，按下"刀位选择"按键，可选择任意刀位。

刀位转换：在手动方式下，按一下"刀位转换"按键，刀架转到选择的刀位。

⑥修调功能。

主轴修调 <u>- 100% +</u>：在自动方式或 MDI 方式运行下，当 S 代码的主轴转速偏高或偏低时，可用"主轴修调"按钮右侧的"100%"和"+"、"-"按键修调程序中编制的主轴转速。

快速修调 <u>- 100% +</u>：在自动方式或 MDI 方式运行下，可用"快速修调"按键右侧的"100%"和"+"、"-"按键，修调 G00 快速移动时系统参数"最大快移速度"设置的速度。

进给修调 <u>- 100% +</u>：在自动方式或 MDI 方式运行下，当 F 码的进给速度偏高或偏低时，可用"进给修调"按键右侧的"100%"和"+"、"-"按键修调程序中编制的进给速度。

⑦增量值选择键 。在增量运行方式下，用来选择增量进给的增量值。

：增量值为0.001mm。

：增量值为0.01mm。

：增量值为0.1mm。

：增量值为1mm。

以上各键可互锁，当按下其中一个时（该键左上方的指示灯亮），其余各键失效（指示灯灭）。

⑧超程解除 。当机床运动到达行程极限时，会出现超程，系统会发出报警，同时紧急停止。要退出超程状态，可按下"超程解除"键（指示灯亮）不放，再按与刚才相反方向的坐标轴键。

⑨空运行 。在自动方式下，按下该键（指示灯亮），程序中编制的进给速率被忽略，坐标轴以最大快移速度移动。

⑩程序跳段 。自动加工时，系统可跳过某些指定的程序段。如在某程序段首加上"/"，且面板上按下该开关，则在自动加工时，该程序段被跳过不执行；而当释放此开关时，"/"不起作用，该段程序被执行。

⑪机床锁住 。用来禁止机床坐标轴移动。显示屏上坐标值仍会发生变化，但机床停止不动。

（3）程序输入、文件管理及运行控制

1）选择程序。在程序功能子菜单下按"F1"键，系统弹出"选择程序"菜单，用 、选中当前存储器，用 、选中存储器上的一个程序文件，按"Enter"键，即可将该程序文件选中并调入加工区。

2）编辑程序。在程序功能子菜单下按"F2"键，系统弹出"编辑程序"菜单，在编辑界面可以编辑当前程序。编辑过程中用到的主要快捷键如下：

Del：删除光标后的一个字符，光标位置不变，余下的字符左移一个字符位置。

Pgup：使编辑程序向程序头滚动一屏，光标位置不变，如果到了程序头，则光标移到文件首行的第一个字符处。

Pgdn：使编辑程序向程序尾滚动一屏，光标位置不变，如果到了程序尾，则光标移到文件末行的第一个字符处。

Bs：删除光标前的一个字符，光标向前移动一个字符位置，余下的字符左移一个字符位置。

：使光标左移一个字符位置。

：使光标右移一个字符位置。

：使光标上移一行。

：使光标下移一行。

3）新建程序。在程序功能子菜单下按"F3"键，系统进入"新建程序"菜单，系统提示"输入新建文件名"，光标在"输入新建文件名"栏闪烁，输入文件名后，即可以编辑新建文件。

4）保存程序。在编辑状态下或在程序功能子菜单下按"F4"键，系统给出提示文件保存的文件名。按"Enter"键，将以提示的文件名保存当前程序文件。如将提示文件名改为其他名称，系统可将当前编辑程序另存为其他名称，但其前提是更改的新文件名不能和已存在的文件同名。

5）程序校验。调入要校验的加工程序；按机床控制面板上的"自动"或"单段"按键进入程序的运行方式；在程序菜单下，按"F5"键，此时软件操作界面的工作方式显示改为"校验运行"；按机床控制面板上的"循环启动"按键，程序校验开始。

6）删除程序文件。在选择程序菜单中用 ▼ 、▲ 键移动光标条选中要删除的程序文件；按"Del"键，系统提示"是否要删除当前文件?"，按"Y"键或"Enter"键将选中的程序文件从当前存储器删除，按"N"则取消删除操作。

7）停止运行。在程序子菜单下，按"F6"键，系统提示"已暂停加工，你是否要取消当前运行程序?"，按"N"键则暂停程序运行，并保留当前运行程序的模态信息（暂停运行后，可按"循环启动"键从暂停处重新启动运行）；按"Y"键或"Enter"键则停止程序运行，并卸载当前运行程序的模态信息（停止运行后，只有选择程序后从头重新启动运行）。

8）重新运行。在程序菜单下，按"F7"键，系统提示"是否重新开始执行?"，按"N"键则取消重新运行，按"Y"键或"Enter"键则光标将返回到程序头，再按机床控制面板上的"循环启动"按键，从程序首行开始重新运行当前加工程序。

9）后台编辑。在系统的主操作界面下，按"F10"键进入扩展功能，然后按"F8"键进入后台编辑功能。

10）运行控制。在系统的主菜单操作界面下，按"F2"键进入程序"运行控制"子菜单。在运行控制子菜单下，可以对程序文件进行指定行运行。

①从红色行开始运行。在运行控制菜单下，按机床控制面板上的"进给保持"按键（指示灯亮），系统处于进给保持状态，用 ▲ 、▼ 键移动蓝色亮条到要开始运行的行，此时蓝色亮条变为红色亮条，按"F1"键，系统弹出"从红色行开始运行"、"从指定行开始运行"、"从当前行开始运行"选项以供选择，再按"F1"键，选择"从红色行开始运行"选项，按机床控制面板上的"循环启动"按键，程序从被选择处开始运行。

②从指定行开始运行。在运行控制菜单下，按机床控制面板上的"进给保持"按键（指示灯亮），按"F1"键，系统弹出"从红色行开始运行"、"从指定行开始运行"、"从当前行开始运行"选项以供选择，再按"F2"键，选择"从指定行开始运行"选项，系统提示"请输入行号"，输入开始运行的行号，按"Enter"键，按机床控制面板上的"循环启动"按键，程序从被指定行的开始运行。

③从当前行开始运行。在运行控制菜单下，按机床控制面板上的"进给保持"按键（指示灯亮），按"F1"键，系统弹出"从红色行开始运行"、"从指定行开始运行"、"从当前行开始运行"选项以供选择，再按"F3"键，选择"从当前行开始运行"选项，按机床控制面板上的"循环启动"按键，程序从选中的行开始运行。

五、设备维护保养

1）检查导轨润滑油的油量，及时添加润滑油，检查润滑油泵是否定时起动泵油及停止。

2）检查主轴恒温油箱工作温度是否正常，油量是否充足。

3）清除 X 轴、Z 轴导轨面上的切屑和脏物，检查导轨面有无划伤，润滑油是否充足。

4）操作结束后，将刀架停在机床尾部并关机。

六、实训效果考核

1）数控车床关机之前为什么要把刀架移到机床尾部？

2）为什么不能戴手套操作数控车床？

课题二　数控车床对刀、外形轮廓加工及精度控制

一、实训目标及课时

1）掌握数控车床对刀及加工。

2）掌握外形轮廓的加工及精度控制。

3）需用课时：14 学时。

二、实训设备、刀具、量具、夹具与材料

1）设备：世纪星 HNC-21/22T 系统数控车床。

2）刀具：45°端面车刀、90°外圆车刀、切断刀。

3）量具：0～150mm 游标卡尺、0～150mm 钢直尺。

4）夹具：自定心卡盘。

5）材料：φ36mm 尼龙棒。

三、安全操作要点

1）工件伸出部分要足够长，以免加工过程中刀具碰到卡盘。

2）对刀时，要将手轮倍率调到 "×10" 以免速度太快导致刀具与工件碰撞。

四、实训操作步骤（含实训内容）

（1）试切法对刀　试切法指的是通过试切，由试切直径和试切长度来计算刀具偏置值的方法（见图 1-2）。

1）用光标 ▲、▼ 键将蓝色亮条移动到要设置刀具的行。

2）用刀具试切工件的外（内）径，然后沿 Z 轴方向退刀（注意：在此过程中不要移动 X 轴）。

3）测量试切后的工件外径，将它手工填入到 "绝对刀偏表" 的 "试切直径" 一栏，按

"Enter"键，这样 X 偏置就设置好了。

4）用刀具试切工件端面，然后沿 X 轴方向退刀（注意：在此过程中不要移动 Z 轴）。

5）计算试切工件端面到该刀具要建立的工件坐标系的零点位置的有向距离，将它手工填入到"绝对刀偏表"的"试切长度"一栏，按"Enter"键，这样 Z 偏置就设置好了。

如果要对其他刀具进行对刀，重复以上步骤即可。

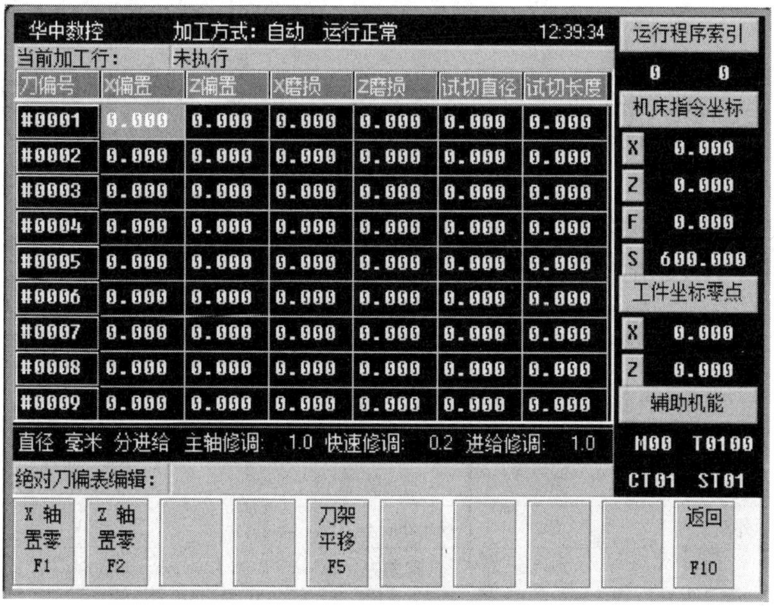

图 1-2　绝对刀偏表

（2）精度控制　在加工零件时，往往因为对刀的误差或刀具的磨损而造成零件尺寸误差，因此，要用精度控制办法控制零件的精度。

1）外圆径向尺寸的精度控制。零件加工之前，在"绝对刀偏表"的精加工刀具的"X磨损"处输入一个正数（0.2～0.5mm），以 0.2mm 为例，在程序运行完精加工程序段之后，测量零件径向尺寸，若零件尺寸比图样尺寸大 0.2mm，则把 0.2mm 改成 0，再用"运行控制"重新运行精加工程序；如零件尺寸比图样尺寸大 0.15mm，则把 0.2mm 改成0.05mm（即用"X磨损"里的数值——实际超差的数值），再用"运行控制"重新运行精加工程序；若零件尺寸比图样尺寸小，则此零件为报废零件，说明在加工之前"X磨损"中输入的数值太小，还不能弥补对刀的误差和加工过程中刀具的磨损。因此在下一个零件的加工中应把"X磨损"数值改大。

2）轴向尺寸的精度控制。零件加工之前，在"绝对刀偏表"的精加工刀具的"Z磨损"处输入一个正数（0.1～0.3mm），以 0.2mm 为例，在零件精加工之后，测量零件轴向尺寸，若零件尺寸比图样尺寸小 0.2mm，则把 0.2mm 改成 0，再用"运行控制"重新运行精加工程序；如零件尺寸比图样尺寸小 0.15mm，则把 0.2mm 改成 0.05mm（即用"Z磨损"里的数值——实际超差的数值），再用"运行控制"重新运行精加工程序；若零件尺寸比图样尺寸大，则此零件为报废零件，说明在加工之前"Z磨损"输入的数值太小，还不能弥补对刀的误差和加工过程中刀具的磨损。因此在下一个零件的加工中应把"Z磨损"数值改大。

（3）外形轮廓零件加工

1）零件图（见图1-3）。图1-3所示零件的毛坯为φ36mm棒料，工件材料为尼龙，生产数量为小批量生产。试编制工件的加工程序并加工。

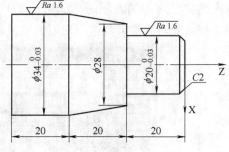

图1-3　带锥台阶

2）加工工序：

①车端面（手动）。

②外圆粗车，循环切削。

③外圆精车，循环切削。

④切断。

注意：以外圆为定位基准，用自定心卡盘夹紧。

3）各工序刀具及切削参数选择见表1-1。

表1-1　刀具及切削参数表

序　　　号	加工面	刀具号	刀 具 规 格		主轴转速 /(r/min)	进给速度 /(mm/min)
			类　型	材　料		
1	端面车削		45°端面车刀	硬质合金	500	60
2	外圆粗加工	T01	90°外圆车刀		500	100
3	外圆精加工	T02	90°外圆车刀		800	80
4	切断	T03	切断刀		400	20

4）加工工艺过程。加工工艺过程见表1-2。

表1-2　加工工艺过程

工　　步	工步内容	工　步　图	说　　　明
1	端面车削		手动、MDI等方式进行
2	外圆粗车		用G71循环指令
3	外圆精车		用G71循环指令
4	切断		用G01切断，刃宽4mm

（4）相关编程指令

1）快速定位G00。

格式：G00　X（U）～　Z（W）～

其中，X、Z为绝对值编程时，快速定位终点在工件坐标系中的坐标；U、W为增量值编程时，快速定位点相对于起点的位移量。

2）直线插补 G01。

格式：G01　X（U）～　Z（W）～　F～

其中，X、Z 为绝对值编程时终点在工件坐标系中的坐标；U、W 为增量值编程时终点相对于起点的位移量；F 为合成进给速度。

3）内（外）径粗车复合循环 G71。

格式：G71　U～　R～　P～　Q～　X～　Z～　F～

其中，U 为背吃刀量（每次切削量），指定时不加符号；R 为每次退刀量；P 为精加工路径第一程序段的段号；Q 为精加工路径最后程序段的段号；X 为 X 方向的精加工余量；Z 为 Z 方向的精加工余量；F 为进给速度。

注：在 G71 切削循环下，切削进给方向平行于 Z 轴。X、Z 的符号为退刀方向的符号。

（5）参考程序

%2001	
T0101　S500　M03　F100	换 1 号刀确定坐标系并起动主轴
G00　X38　Z2	定位到循环起点位置
G71　U1.5　R1　P10　Q20　X0.5　Z0.2	切削循环加工
G00　X100　Z100	回换刀点
T0202　S800　M03　F80	换 2 号刀确定坐标系并起动主轴
G00　X38　Z2	定位到循环起点位置
N10　G00　X16	精加工轮廓起始行
G01　Z0　F80	
X20　Z-2	
Z-20	
X28	
X34　Z-40	
Z-60	
N20　G01　X38	精加工轮廓结束行，并退出已加工表面
G00　X100　Z100	回到换刀点
T0303　S400　M03　F20	换 3 号刀确定坐标系并起动主轴
G00　X38　Z-64	定位到要切断位置
G01　X0	切断
G00　X100　Z100	回换刀点
M05	主轴停止
G28　U0　W0	自动返回参考点
M30	程序结束

五、设备维护保养

1）检查导轨润滑油的油量，及时添加润滑油，检查润滑油泵是否定时起动泵油及停止。

2）检查主轴恒温油箱工作温度是否正常，油量是否充足。

3）清除 X 轴、Z 轴导轨面上的切屑和脏物，检查导轨面有无划伤，润滑油是否充足。

4）操作结束后，将刀架停在机床尾部并关机。

六、实训效果考核

按图 1-4 所示零件图，编写程序并加工。

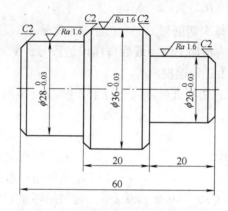

图 1-4　双头阶梯轴

课题三　圆弧面、圆球面加工

一、实训目标及课时

1）掌握数控车床加工圆弧面。

2）掌握数控车床加工球面。

3）需用课时：14 学时。

二、实训设备、刀具、量具、夹具与材料

1）设备：世纪星 HNC-21/22T 系统数控车床。

2）刀具：45°端面车刀、90°外圆车刀、切断刀。

3）量具：0～150mm 游标卡尺、0～150mm 钢直尺。

4）夹具：自定心卡盘。

5）材料：φ36mm 尼龙棒。

三、安全操作要点

1）注意刀架前置数控车床和刀架后置数控车床刀尖半径补偿的区别。

2）在加工凹圆弧时，要注意选择刀具，以免刀具与工件发生干涉。

四、实训操作步骤（含实训内容）

（1）圆弧面、球面零件加工

1）零件图（见图1-5）。图1-5所示零件的毛坯为ϕ36mm棒料，工件材料为尼龙，生产数量为小批量生产。试编制工件的加工程序并加工。

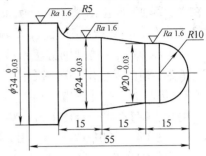

图1-5　球面锥度轴

2）加工工序：

①车端面（手动）。

②外圆粗车，循环切削。

③外圆精车，循环切削。

④切断。

注意：以外圆为定位基准，用自定心卡盘夹紧。

3）各工序刀具及切削参数选择见表1-3。

表1-3　刀具及切削参数表

序　　号	加工面	刀具号	刀 具 规 格		主轴转速 /（r/min）	进给速度 /（mm/min）
			类　型	材　料		
1	端面车削		45°端面车刀	硬质合金	500	60
2	外圆粗加工	T01	90°外圆车刀		500	100
3	外圆精加工	T02	90°外圆车刀		800	80
4	切断	T03	切断刀		400	20

4）加工工艺过程。加工工艺过程见表1-4。

表1-4　加工工艺过程

工　　步	工步内容	工　步　图	说　　明
1	端面车削		手动、MDI等方式进行
2	外圆粗车		用G71循环指令
3	外圆精车		用G71循环指令
4	切断		用G01切断，刃宽4mm

（2）相关编程指令

1）圆弧插补G02/G03。

格式：G02/G03　X（U）~　Z（W）~　I~　K~　F~

　　　或 G02/G03　X（U）~　Z（W）~　R~　F~

注：G02为顺时针圆弧插补指令；G03为逆时针圆弧插补指令。

其中，X、Z 为圆弧终点位置坐标，也可以使用增量坐标 U、W；I、K 为圆弧起点到圆心在 X、Z 轴方向上的增量；R 为圆弧的半径值，当圆弧 ≤180°时 R 取正值；当圆弧 >180°时 R 取负值，但此指令不能加工整圆。

G02、G03 指令的判别方法：沿着不在圆弧平面内的坐标轴正方向看去，顺时针使用 G02 指令，逆时针使用 G03 指令。

2）刀具的半径补偿指令 G41、G42、G40。

格式：G41/G42　G01/G00　X（U）~　Z（W）~　F~

　　　　G40　G01/G00　X（U）~　Z（W）~　F~

其中，G41 或 G42 中的 X（U）、Z（W）为建立刀尖圆弧半径补偿段的终点坐标；G40 中 X（U）、Z（W）为撤销刀尖圆弧半径补偿段的终点坐标。

（3）参考程序

```
%3001
T0101  S500  M03  F100              换1号刀确定坐标系并起动主轴
G00  X38  Z2                         定位到循环起点位置
G71  U1  R1  P10  Q20  X0.5  Z0.2    切削循环加工
G00  X100  Z100                      回换刀点
T0202  S800  M03  F80               换2号刀确定坐标系并起动主轴
G42  G00  X38  Z2                    建立刀尖半径补偿
N10  G00  X0                         精加工轮廓起始行
G01  Z0
G03  X20  Z-10  R10
G01  Z-15
X24  Z-30
Z-40
G02  X34  Z-45  R5
G01  Z-55
N20  G01  X38                        精加工轮廓结束行，并退出已加工表面
G40  G00  X100  Z100                 取消刀尖半径补偿并回到换刀点
T0303  S400  M03  F20               换3号刀确定坐标系并起动主轴
G00  X38  Z-59                       定位到要切断位置
G01  X0                              切断
G00  X100  Z100                      回到换刀点
M05                                  主轴停止
G28  U0  W0                          自动返回参考点
M30                                  程序结束
```

五、设备维护保养

1）检查导轨润滑油的油量，及时添加润滑油，检查润滑油泵是否定时起动泵油及停止。

2）检查主轴恒温油箱工作温度是否正常，油量是否充足。

3）清除 X 轴、Z 轴导轨面上的切屑和脏物，检查导轨面有无划伤，润滑油是否充足。

4）操作结束后，将刀架停在机床尾部并关机。

六、实训效果考核

按图 1-6 所示零件图编写程序并加工。

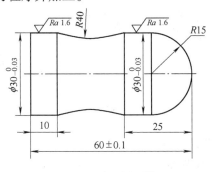

图 1-6　球面圆弧轴

课题四　外螺纹、外切槽加工及外螺纹精度控制

一、实训目标及课时

1）掌握数控车床加工外切槽。

2）掌握数控车床加工外螺纹并控制外螺纹的精度。

3）需用课时：14 学时。

二、实训设备、刀具、量具、夹具与材料

1）设备：世纪星 HNC-21/22T 系统数控车床。

2）刀具：45°端面车刀、90°外圆车刀、外切槽刀、外螺纹刀。

3）量具：0 ~ 150mm 游标卡尺、0 ~ 150mm 钢直尺、M27 × 2 环规。

4）夹具：自定心卡盘。

5）材料：$\phi36$mm 尼龙棒。

三、安全操作要点

1）注意外螺纹刀的对刀方法。

2）注意螺纹的切出值是否会与螺纹后面的外圆发生过切。

四、实训操作步骤（含实训内容）

（1）外螺纹精度的控制　零件加工之前，在绝对"刀偏表"的外螺纹刀具的"X 磨损"处输入一个正数（0.1 ~ 0.3mm），以 0.2mm 为例，在螺纹精加工之后，用环规测量零件外螺纹精度，若通端不能旋进，止端也不能旋进，则将 0.2mm 改小一点，再用"运行控制"

重新运行螺纹加工程序。重复以上的步骤，直到环规的通端能旋进、止端不能旋进，则为合格螺纹。若通端、止端都能旋进或通端不能旋进、止端能旋进，则为不合格螺纹。

（2）外螺纹、外切槽零件加工

1）零件图（见图1-7）。图1-7所示零件的毛坯为ϕ36mm棒料，工件材料为尼龙，生产数量为小批量生产。试编制工件的加工程序并加工。

2）加工工序：

①车端面（手动）。

②外圆粗车，循环切削。

③外圆精车，循环切削。

④切退刀槽。

⑤螺纹车削。

⑥切断。

注意：以外圆为定位基准，用自定心卡盘夹紧。

3）各工序刀具及切削参数选择见表1-5。

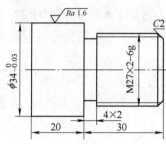

图1-7 外螺纹

表1-5 刀具及切削参数表

| 序 号 | 加工面 | 刀具号 | 刀 具 规 格 | | 主轴转速 | 进给速度 |
			类 型	材 料	（r/min）	（mm/min）
1	端面车削		45°端面车刀		500	60
2	外圆粗加工	T01	90°外圆车刀		500	100
3	外圆精加工	T02	90°外圆车刀	硬质合金	800	80
4	切外槽	T03	外切槽刀		400	20
5	外螺纹车削	T04	外螺纹刀		400	2（mm/r）

4）加工工艺过程。加工工艺过程见表1-6。

表1-6 加工工艺过程

工 步	工步内容	工 步 图	说 明
1	端面车削		手动、MDI等方式进行
2	外圆粗车		用G71循环指令
3	外圆精车		用G71循环指令
4	切退刀槽		用G01切槽，刀宽4mm

（续）

工 步	工步内容	工 步 图	说 明
5	车螺纹		用 G82 循环指令
6	切断		用 G01 切断，刃宽 4mm

（3）相关编程指令

1）单行程螺纹切削指令 G32。

格式：G32 X（U）~ Z（W）~ F~

其中，X、Z 为加工螺纹段的终点坐标值；F 为加工螺纹的导程（对于单头螺纹 F 为螺距）。

2）单一固定循环螺纹加工指令 G82。

格式：G82 X（U）~ Z（W）~ R~ E~ C~ P~ F~

其中，X、Z 为终点坐标值；R、E 表示 Z、X 方向螺纹退尾量，为增量值；P 为相邻螺纹线的切削起点之间对应的主轴转角；F 为导程；C 为螺纹线数。

3）复合固定循环螺纹加工指令 G76。

格式：G76 C~ R~ E~ A~ X~ Z~ I~ K~ U~ V~ Q~ P~ F~

其中，C 为精整车削次数；R 为 Z 轴方向螺纹退尾量（为模态值）；E 为 X 轴方向螺纹退尾量（为模态值）；A 为螺纹牙型角，即刀尖角，可在 80°、60°、55°、30°、29°、0°六个角度中选择（为模态值）；X、Z 为绝对值编程时有效螺纹终点的 C 坐标，增量值编程时，为有效螺纹终点 C 相对循环起点在 A 的有向的距离；I 为螺纹两端的半径差；K 为螺纹高度；U 为精加工余量；V 为最小背吃刀量（半径值）；Q 为第一次背吃刀量（半径值）；P 为相邻螺纹线的切削起点之间对应的主轴转角；F 为螺纹导程。

（4）编程注意事项

1）车螺纹时一定要有切入段 δ_1 和切出段 δ_2。在数控车床上加工螺纹时，沿螺距方向进给速度与主轴转速之间有严格的匹配关系，即主轴转一转，刀具移动一个导程。为避免在进给机构加速和减速过程中加工螺纹产生螺距误差，加工螺纹时一定要有切入段 δ_1 和切出段 δ_2。另外，留有切入段 δ_1，可以避免刀具与工件相碰；留有切出段 δ_2，可以避免螺纹加工不完整。切入段 δ_1 和切出段 δ_2 的大小与进给系统的动态特性和螺纹精度有关。一般 $\delta_1 = 2 \sim 5mm$，$\delta_2 = 1.5 \sim 3mm$。

2）螺纹加工一般需要多次进给，各次的背吃刀量应按递减规律分配。

如果各次的背吃刀量不按递减规律分配，就会使切削面积逐渐增大，进而使切削力逐渐增大，从而影响加工精度。常用普通米制螺纹加工进给次数与分层背吃刀量见表 1-7。

对于普通三角螺纹，牙型高按下列公式估算：$h = 0.6459p$。其中，p 表示螺距。

3）实际加工过程中，螺纹加工前道工序应使工件的外径偏小（内径偏大），例如，

M30 ×2 的外螺纹，其外径为 $30\mathrm{mm} - 0.2165 \times P\mathrm{mm} = 29.567\mathrm{mm}$；若是内螺纹则为 $30\mathrm{mm} - 1.299\mathrm{mm} \times P$。

表 1-7　螺纹加工进给次数及背吃刀量表　　　　　（单位：mm）

米制螺纹							
螺距	1.0	1.5	2.0	2.5	3.0	3.5	4.0
牙深(半径量)	0.649	0.974	1.299	1.624	1.949	2.273	2.598
切削次数及背吃刀量（直径值）1 次	0.7	0.8	0.9	1.0	1.2	1.5	1.5
2 次	0.4	0.6	0.6	0.7	0.7	0.7	0.8
3 次	0.2	0.4	0.6	0.6	0.6	0.6	0.6
4 次		0.16	0.4	0.4	0.4	0.6	0.6
5 次			0.1	0.4	0.4	0.4	0.4
6 次				0.15	0.2	0.4	0.4
7 次					0.2	0.2	0.4
8 次						0.15	0.3
9 次							0.2

（5）参考程序

%3001

T0101　S500　M03　F100	换 1 号刀确定坐标系并起动主轴
G00　X38　Z2	定位到循环起点位置
G71　U1　R1　P10　Q20　X0.5　Z0.2	切削循环加工
G00　X100　Z100	回换刀点
T0202　S800　M03　F80	换 2 号刀确定坐标系并起动主轴
G00　X38　Z2	定位到循环起点位置
N10　G00　X22.567	精加工轮廓起始行
G01　Z0	
X26.567　Z -2	
Z -30	
X34	
Z -50	
N20　G01　X38	精加工轮廓结束行，并退出已加工表面
G00　X100　Z100	取消刀尖半径补偿并回到换刀点
T0303　S400　M03　F20	换 3 号刀确定坐标系并起动主轴
G00　X40　Z -30	定位到要切槽的位置
G01　X23	切槽
G00　X38	退刀
G00　X100　Z100	回到换刀点
T0404　S400　M03	换 4 号刀确定坐标系并起动主轴

```
G00    X29    Z4
G82    X26.1    Z–28    F2
X25.5    Z–28
X24.9    Z–28
X24.5    Z–28
X24.4    Z–28
G00    X100    Z100
T0303    S400    M03    F20
G00    X40    Z–54
G01    X0
G00    X100    Z100
M05                                    主轴停止
G28    U0    W0                        自动返回参考点
M30                                    程序结束
```

五、设备维护保养

1）检查导轨润滑油的油量，及时添加润滑油，检查润滑油泵是否定时起动泵油及停止。

2）检查主轴恒温油箱工作温度是否正常，油量是否充足。

3）清除 X 轴、Z 轴导轨面上的切屑和脏物，检查导轨面有无划伤，润滑油是否充足。

4）操作结束后，将刀架停在机床尾部并关机。

六、实训效果考核

按图 1-8 所示要求加工螺纹轴零件。

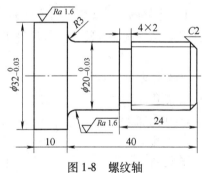

图 1-8　螺纹轴

课题五　内孔加工及精度控制

一、实训目标及课时

1）掌握孔的加工方法。

2）掌握用尾架手动钻孔。

3）掌握数控车床加工内孔的精度控制。

4）需用课时：14 学时。

二、实训设备、刀具、量具、夹具与材料

1）设备：世纪星 HNC-21/22T 系统数控车床。

2）刀具：中心钻、麻花钻、45°端面车刀、切断刀、内孔车刀。

3）量具：0～150mm 游标卡尺、0～150mm 钢直尺。

4）夹具：自定心卡盘。

5）材料：ϕ36mm 尼龙棒。

三、安全操作要点

1）注意手动钻孔的断屑和排屑。

2）内孔加工时，刀具退刀要先退 +Z，再退 +X。

四、实训操作步骤（含实训内容）

（1）外圆径向尺寸的精度控制　零件加工之前，在绝对"刀偏表"的精加工刀具的"X 磨损"处输入一个负数（-0.2～-0.5mm），以 -0.2mm 为例，在零件精加工之后，测量零件径向尺寸，若零件尺寸比图样尺寸小 0.2mm，则把 0.2mm 改成 0，再用"运行控制"重新运行精加工程序；如零件尺寸比图样尺寸小 0.15mm，则把 -0.2mm 改成 -0.05mm（即用"X 磨损"里的数值 + 实际超差的数值），再用"运行控制"重新运行精加工程序；若零件尺寸比图样尺寸大，则此零件为报废零件，说明在加工之前"X 磨损"输入的数值的绝对值太小，还不能弥补对刀的误差和加工过程中刀具的磨损。则在下一个零件加工时应将"X 磨损"数值加大。

（2）内孔零件加工

1）零件图。图 1-9 所示零件的毛坯为 ϕ36mm 棒料，零件材料为尼龙，生产数量为小批量生产。试编制零件的加工程序并加工零件。

2）加工工序：

①车端面（手动）。

②点孔加工。

③钻孔加工。

④镗孔加工。

⑤切断。

注意：以外圆为定位基准，用自定心卡盘夹紧。

3）各工序刀具及切削参数选择见表 1-8。

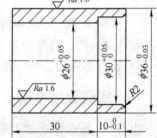

图 1-9　内孔台阶轴

表 1-8　刀具及切削参数表

序　号	加工面	刀具号	刀　具　规　格		主轴转速 /(r/min)	进给速度 /(mm/min)
			类　型	材　料		
1	端面车削		45°端面车刀		500	60
2	点孔加工		ϕ4mm 中心钻		800	20
3	钻孔加工		ϕ22mm 麻花钻	硬质合金	400	40
4	镗孔加工	T03	内孔车刀		粗 600，精 800	粗 100，精 80
5	切断	T04	切断刀		400	20

4）加工工艺过程见表 1-9。

表 1-9　加工工艺过程

工　步	工步内容	工　步　图	说　　明
1	端面车削		手动、MDI 等方式进行
2	钻中心孔		选用 φ4mm 中心钻手动点钻
3	钻 φ22mm 孔		选用 φ22mm 麻花钻手动钻孔
4	镗孔		用 G71 循环指令
5	切断		用 G01 切断,刀宽 4mm

（3）参考程序

```
%5001
T0303   S600   M03   F100               换3号刀确定坐标系并起动主轴
G00   X22   Z2                          定位到循环起点位置
G71   U1   R1   P10   Q20   X-0.5   Z0.2  切削循环加工
G00   Z100                              回换刀点
X100
T0303   S800   M03   F80                继续使用3号刀,改变主轴转速和进给速度
G00   X22   Z2                          定位到循环起点位置
N10   G00   X34                         精加工轮廓起始行
G01   Z0
G02   X30   Z-2   R2
G01   Z-10
X26
Z-40
N20   G01   X22                         精加工轮廓结束行,并退出已加工表面
G00   Z100                              取消刀尖半径补偿并回到换刀点
X100
T0404   S400   M03   F20                换4号刀确定坐标系并起动主轴
G00   X38   Z-44                        定位到要切断位置
G01   X0                                切断
```

```
G00   X100   Z100
M05                              主轴停止
G28   U0   W0                   自动返回参考点
M30                              程序结束
```

五、设备维护保养

1）检查导轨润滑油的油量，及时添加润滑油，检查润滑油泵是否定时起动泵油及停止。

2）检查主轴恒温油箱工作温度是否正常，油量是否充足。

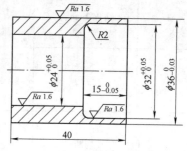

3）清除 X 轴、Z 轴导轨面上的切屑和脏物，检查导轨面有无划伤，润滑油是否充足。

4）操作结束后，将刀架停在机床尾部并关机。

六、实训效果考核

按图 1-10 所示要求，加工内台阶孔零件。

图 1-10　内台阶孔零件

课题六　内螺纹、内切槽加工及内螺纹精度控制

一、实训目标及课时

1）掌握数控车床加工内切槽的方法。

2）掌握数控车床加工内螺纹并控制尺寸精度的方法。

3）需用课时：14 学时。

二、实训设备、刀具、量具、夹具与材料

1）设备：世纪星 HNC-21/22T 系统数控车床。

2）刀具：45°端面车刀、中心钻、麻花钻、切断刀、内孔车刀、内切槽刀、内螺纹车刀。

3）量具：0~150mm 游标卡尺、0~150mm 钢直尺、M27×2 螺纹塞规。

4）夹具：自定心卡盘。

5）材料：ϕ36mm 尼龙棒。

三、安全操作要点

在加工螺纹过程中不能调整主轴转速，以免螺纹产生乱牙。

四、实训操作步骤（含实训内容）

（1）内螺纹精度的控制　零件加工之前，在绝对"刀偏表"的外螺纹刀具的"X 磨损"处输入一个负数（-0.1~-0.3mm），以-0.2mm 为例，在螺纹精加工之后，用塞规测量

零件外螺纹精度，若通端不能旋进，止端也不能旋进，则将 -0.2mm 改大一点，再用"运行控制"重新运行螺纹加工程序。重复以上的步骤直到环规的通端能旋进，止端不能旋进，则为合格螺纹。若通端、止端都能旋进或通端不能旋进、止端能旋进，都为不合格螺纹。

（2）内切槽、内螺纹零件加工

1）零件图。图 1-11 所示零件的毛坯为 ϕ36mm 棒料，零件材料为尼龙，生产数量为小批量生产。试编制零件的加工程序并加工零件。

2）加工工序：

①车端面（手动）。

②点孔加工。

③钻孔加工。

④镗孔加工。

⑤切内槽。

⑥车内螺纹。

⑦切断。

注意：以外圆为定位基准，用自定心卡盘夹紧。

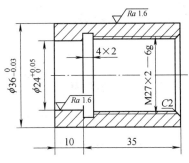

图 1-11　内螺纹

3）各工序刀具及切削参数选择见表 1-10。

表 1-10　刀具及切削参数表

序　号	加工面	刀具号	刀具规格		主轴转速 /(r/min)	进给速度 /(mm/min)
			类　型	材　料		
1	端面车削		45°端面车刀		500	60
2	点孔加工		ϕ4mm 中心钻		800	20
3	钻孔加工		ϕ22mm 麻花钻		400	40
4	镗孔加工	T01（手动换刀）	内孔车刀	硬质合金	粗 600，精 800	粗 100，精 80
5	切内槽	T02	内切槽刀		400	20
6	车内螺纹	T03	内螺纹车刀		400	2（mm/r）
7	切断	T04	切断刀		400	20

4）加工工艺过程见表 1-11。

表 1-11　加工工艺过程

工　步	工步内容	工　步　图	说　明
1	端面车削		手动、MDI 等方式进行
2	钻中心孔		选用 ϕ4mm 中心钻手动点钻
3	钻 ϕ22mm 孔		选用 ϕ22mm 麻花钻手动钻孔

（续）

工 步	工步内容	工 步 图	说 明
4	镗孔		用 G71 循环指令
5	切内槽		用 G01 切槽,刃宽 4mm
6	车内螺纹		用 G82 循环指令
7	切断		用 G01 切断

（3）参考程序

```
%5001
T0101  S600  M03  F100               换 1 号刀确定坐标系并起动主轴
G00   X22  Z2                        定位到循环起点位置
G71  U1  R1  P10  Q20  X-0.5  Z0.2   切削循环加工
G00   Z100                           回换刀点
X100
T0101  S800  M03  F80                继续使用 1 号刀,调整主轴转速和进给速度
G00   X22  Z2                        定位到循环起点位置
N10   G00   X28.4                    精加工轮廓起始行
G01   Z0
X24.4  Z-2
Z-35
X23
Z-45
N20   G01   X22                      精加工轮廓结束行,并退出已加工表面
G00   Z100                           回换刀点
X100
T0202  S400  M03  F20                换 2 号刀确定工件坐标系并起动主轴
G00   X22                            定位到切内槽的位置
Z-35
G01   X28.4                          切内槽
G00   X22
```

```
Z100
X100
T0303   S400   M03                    换 3 号刀确定工件坐标系并起动主轴
G00   X24   Z4                        定位到螺纹起始点
G82   X25.3   Z－32   F2               螺纹加工循环
X26.2   Z－32
X26.6   Z－32
X26.9   Z－32
X27   Z－32
G00   X100   Z100                     回换刀点
T0404   S400   M03   F20              换 4 号刀确定工件坐标系并起动主轴
G00   X40   Z－49                      定位到切断位置
G01   X0
G00   X100   Z100
M05
G28   U0   W0
M30
```

五、设备维护保养

1）检查导轨润滑油的油量，及时添加润滑油，检查润滑油泵是否定时起动泵油及停止。

2）检查主轴恒温油箱工作温度是否正常，油量是否充足。

3）清除 X 轴、Z 轴导轨面上的切屑和脏物，检查导轨面有无划伤，润滑油是否充足。

4）操作结束后，将刀架停在机床尾部并关机。

六、实训效果考核

简述用 G71 编内孔加工程序与编外圆加工程序的区别，为什么？

课题七　综合零件加工

一、实训目标及课时

1）掌握外圆车刀、外切槽刀、外螺纹车刀、内孔车刀、内切槽刀、内螺纹车刀的安装。

2）掌握数控车床加工外圆、外切槽、外螺纹综合型零件的方法。

3）掌握数控车床加工内孔、内切槽、内螺纹综合型零件的方法。

4）需用课时：28 学时。

二、实训设备、刀具、量具、夹具与材料

1）设备：世纪星 HNC-21/22T 系统数控车床。

2）刀具：45°端面车刀、中心钻、麻花钻、90°外圆车刀、外切槽刀、外螺纹车刀、内孔车刀、内切槽刀、内螺纹车刀。

3）量具：0～150mm 游标卡尺、0～150mm 钢直尺、螺纹环规、螺纹塞规。

4）夹具：自定心卡盘。

5）材料：φ50mm 的 45 钢棒料。

三、安全操作要点

注意综合零件的加工工艺。

四、实训操作步骤（含实训内容）

（1）综合零件加工

1）零件图。图 1-12 所示零件的毛坯为 φ50mm×70mm 棒料，零件材料为 45 钢，生产数量为小批量生产。试编制零件的加工程序并加工零件。

2）加工工序：

①车端面（手动）。

②加工零件左端外形及内螺纹。

③控制零件总长。

④加工右端外形及外螺纹。

注意：以外圆为定位基准，用自定心卡盘夹紧。

各工序刀具及切削参数选择见表 1-12。

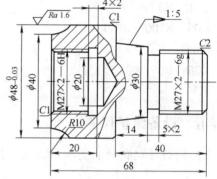

图 1-12　内外螺纹综合轴

表 1-12　刀具及切削参数表

序　号	加工面	刀具号	刀具规格		主轴转速 /(r/min)	进给速度 /(mm/min)
			类　型	材　料		
1	端面车削		45°端面车刀		500	60
2	点孔加工		φ4mm 中心钻		800	20
3	钻孔加工		φ22mm 麻花钻		400	40
4	镗孔加工	T01	内孔车刀		粗 600，精 800	粗 100，精 80
5	切内槽	T02	内切槽刀		400	20
6	车内螺纹	T03	内螺纹车刀		400	2(mm/r)
7	外圆粗、精车	T04	90°外圆车刀	硬质合金	粗 500，精 800	粗 100，精 80
8	切外槽	T01（将原内孔车刀拆除，安装外切槽刀）	外切槽刀		400	20
9	车外螺纹	T02（将原内切槽刀拆除安装外螺纹车刀）	外螺纹车刀		400	2(mm/r)

3）加工工艺过程见表 1-13。

表 1-13 加工工艺过程

工 步	工 步 内 容	工 步 图	说 明
1	左端端面车削	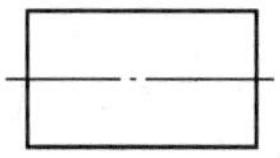	手动、MDI 等方式进行
2	钻中心孔	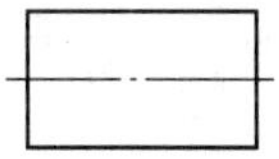	选用 φ4mm 中心钻手动点钻
3	钻 φ22mm 孔	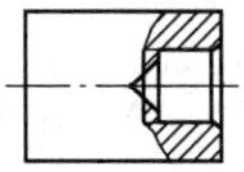	选用 φ22mm 麻花钻手动钻孔
4	车左端外圆及内孔	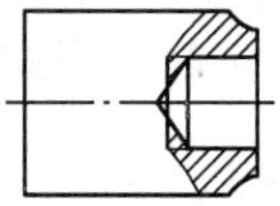	用 G71 循环指令
5	切内槽	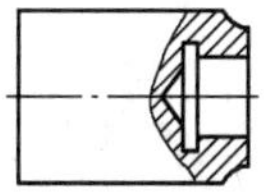	用 G01 切槽，刃宽 4mm
6	车内螺纹	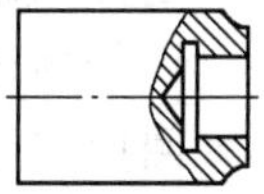	用 G82 循环指令
7	控制零件总长	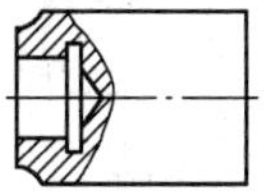	手动控制
8	粗、精车右端外圆	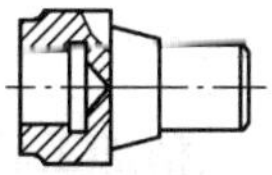	用 G71 循环指令
9	切外槽	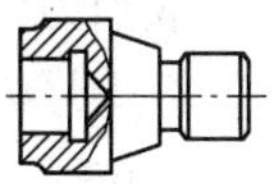	用 G01 指令，刃宽 4mm
10	车外螺纹	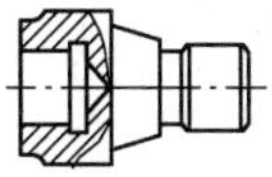	用 G82 循环指令

（2）相关编程指令

1）圆柱面和圆锥面切削单一循环指令 G80。

格式：G80 X（U）~ Z（W）~ I~ F~

其中，X、Z 表示切削段的终点绝对坐标值；U、W 表示切削段的终点相对于循环起点的增量坐标值；I 表示切削段起点相对于终点的 X 方向上的半径差（通常为负值）；F 表示进给速度。

2）端面切削单一固定循环指令 G81。

格式：X（U）~ Z（W）~ I~ F~

其中，X、Z 表示切削段的终点绝对坐标值；U、W 表示切削段的终点相对于循环起点的增量坐标值；K 表示切削段起点相对于终点的 Z 方向上的半径差（通常为负值）；F 表示进给速度。

3）端面粗车切削循环指令 G72。

格式：G72　W～　R～　P～　Q～　X～　Z～　F～

其中，W 为背吃刀量；R 为退刀量；P 为精加工程序段中程序开始段的段号；Q 为精加工程序段中程序结束段的段号；X 为 X 方向精加工余量；Z 为 Z 方向精加工余量；F 为进给速度。

4）封闭切削循环指令 G73。

格式：G73　U～　W～　R～　P～　Q～　X～　Z～　F～

其中，U 为 X 方向粗车总余量；W 为 Z 方向粗车总余量；R 为切削次数；P 为精加工程序段中程序开始段的段号；Q 为精加工程序段中程序结束段的段号；X 为 X 方向精加工余量；Z 为 Z 方向精加工余量；F 为进给速度。

（3）参考程序

%7001（左端加工程序）

T0404　S500　M03　F100	换 4 号刀确定坐标系并起动主轴
G00　X52　Z2	定位到循环起点位置
G71　U1　R1　P10　Q20　X0.5　Z0.2	切削循环加工
G00　X100　Z100	回换刀点
T0404　S800　M03　F80	继续使用 4 号刀，改变主轴转速和进给速度
G42　G00　X52　Z2	定位并建立刀尖半径补偿
N10　G00　X40	精加工轮廓起始行
G02　X48　Z－8　R10	
G01　Z－30	
N20　G01　X52	精加工轮廓结束行，并退出已加工表面
G40　G00　X100　Z100	取消刀尖半径补偿并回到换刀点
T0101　S600　M03　F100	换 1 号刀粗加工内孔，起动主轴和进给功能
G00　X22　Z2	定位
G71　U1　R1　P3　Q4　X－0.5　Z0.1	
G00　Z100	
X100	
T0101　S800　M03　F80	继续使用 1 号刀精加工内孔，改变主轴转速和进给速度
G00　X22　Z2	定位
N3　G00　X28.4	精加工轮廓起始行
G01　Z0	
X24.4　Z－2	
Z－20	
N4　G01　X22	精加工轮廓结束行，并退出已加工表面

```
G00   Z100                                      回换刀点
X100
T0202   S400   M03   F20                        换 2 号刀切内槽
G00   X24   Z2
Z – 20
G01   X28. 4
G00   X24
Z100
X100
T0303   S400   M03                              换 3 号刀车内螺纹
G00   X24   Z4                                   定位
G82   X25. 3   Z – 18   F2                       螺纹加工循环
X26. 2   Z – 18
X26. 6   Z – 18
X26. 9   Z – 18
X27   Z – 18
G00   X100   Z100                               退回换刀点
M05                                             主轴停止
G28   U0   W0
M30
%7002（右端加工程序）
T0404   S500   M03   F100                       换 4 号刀粗加工外圆
G00   X52   Z2                                   定位到循环起点位置
G71   U1   R1   P10   Q20   X0. 5   Z0. 2        切削循环加工
G00   X100   Z100                               回换刀点
T0404   S800   M03   F80                        继续使用 4 号刀确定坐标系并起动主轴
G00   X52   Z2                                   定位到循环起点位置
N10   G00   X22. 567                             精加工轮廓起始行
G01   Z0
X26. 567   Z – 2
Z – 26
X30
X32. 8   W – 14
X46
X48   W – 1
N20   G01   X52                                 精加工轮廓结束行，并退出已加工表面
G00   X100   Z100                               退回换刀点
T0101   S400   M03   F20                        换 1 号刀（将原 1 号刀位上的刀拆除，换上
                                                此刀）
```

G00	X30 Z-26	定位
G01	X22.567	
G00	X30	
W1		
G01	X22.567	
G00	X30	
	X100 Z100	
T0202 S400 M03		换2号刀（将原2号刀位上的刀拆除，换上此刀）
G00	X28 Z4	定位到螺纹起始点
G82	X25.6 Z-23 F2	螺纹加工循环
	X24.9 Z-23	
	X24.5 Z-23	
	X24.4 Z-23	
G00	X100 Z100	
M05		停止主轴
G28	U0 W0	刀具自动返回参考点
M30		程序结束

五、设备维护保养

1）检查导轨润滑油的油量，及时添加润滑油，检查润滑油泵是否定时起动泵油及停止。

2）检查主轴恒温油箱工作温度是否正常，油量是否充足。

3）清除 X 轴、Z 轴导轨面上的切屑和脏物，检查导轨面有无划伤，润滑油是否充足。

4）操作结束后，将刀架停在机床尾部并关机。

六、实训效果考核

按图 1-13 所示要求加工零件。

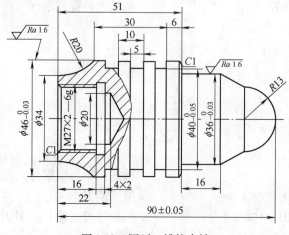

图 1-13　圆弧、槽综合轴

课题八　配合件加工

一、实训目标及课时

1）掌握数控车床加工配合件的加工工艺。

2）掌握数控车床加工简单配合件。

3）需用课时：28 学时。

二、实训设备、刀具、量具、夹具与材料

1）设备：世纪星 HNC-21/22T 系统数控车床。

2）刀具：45°端面车刀、中心钻、麻花钻、90°外圆车刀、外切槽刀、外螺纹车刀、内孔车刀、内螺纹车刀。

3）量具：0 ~ 150mm 游标卡尺、0 ~ 150mm 钢直尺、螺纹环规、螺纹塞规。

4）夹具：自定心卡盘。

5）材料：ϕ50mm 的 45 钢棒料。

三、安全操作要点

注意配合加工工艺。

四、实训操作步骤（含实训内容）

（1）零件加工

1）图 1-14 所示为配合件装配图，要求加工图 1-15 和图 1-16 所示两个零件，其配合后满足装配（见图 1-14）要求，零件的毛坯尺寸分别为 ϕ50mm × 90mm，ϕ50mm × 50mm，材料为 45 钢。试分析工艺并编制加工程序。

2）加工工序

①夹持零件 1 左端，车右端端面（手动）。

②加工零件 1 右端外圆、外切槽、外螺纹。

③夹持零件 1 右端，控制零件 1 总长（手动）。

④夹持零件 1 右端已加工部分，车左端外圆及内孔。

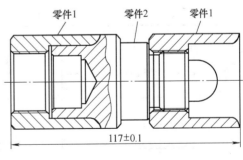

图 1-14　配合件装配图

⑤夹持零件 2 左端，车右端端面（手动）。

⑥加工零件 2 右端外圆、内孔。

⑦夹持零件 2 右端已加工部分，控制零件 2 总长（手动）。

⑧加工零件 2 左端外圆，加工外圆、内螺纹。

注意：以外圆为定位基准，用自定心卡盘夹紧。

3）各工序刀具及切削参数选择见表 1-14。

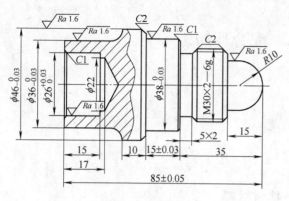

图1-15　零件1

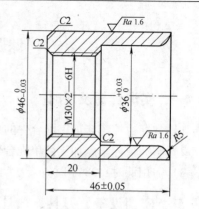

图1-16　零件2

表1-14　刀具及切削参数表

序　号	加工面	刀具号	刀具规格		主轴转速 /(r/min)	进给速度 /(mm/min)
			类　型	材　料		
1	端面车削		45°端面车刀	硬质合金	500	60
2	点孔加工		φ4mm中心钻		800	20
3	钻孔加工		φ22mm麻花钻		400	40
4	外圆粗、精加工	T01	90°外圆车刀		粗500,精800	粗100,精80
5	切外槽	T02	外切槽刀		400	20
6	车外螺纹	T03	外螺纹车刀		400	2(mm/r)
7	镗孔加工	T04	内孔车刀		粗600,精800	粗100,精80
8	车内螺纹	T02(将原外切槽刀拆除,安装内螺纹车刀)	内螺纹车刀		400	2(mm/r)

4）加工工艺过程见表1-15。

表1-15　加工工艺过程

工　步	工步内容	工　步　图	说　明
1	车削零件1端面		手动、MDI等方式进行
2	加工零件1右端外圆及螺纹		用G71循环指令
3	控制零件1总长		手动控制
4	钻中心孔		利用尾架,手动进行
5	钻孔		利用尾架,手动进行

（续）

工　步	工　步　内　容	工　步　图	说　明
6	加工零件 1 左端外圆及内孔	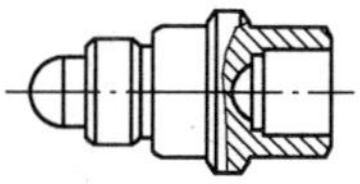	用 G71 循环指令
7	车削零件 2 端面	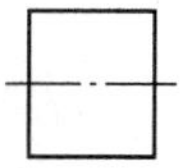	手动、MDI 等方式进行
8	钻中心孔	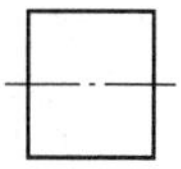	利用尾架，手动进行
9	钻孔	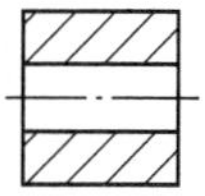	利用尾架，手动进行
10	加工零件 2 外圆及内孔	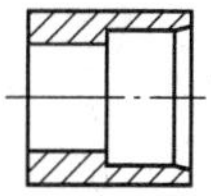	用 G71 循环指令
11	控制零件 2 总长	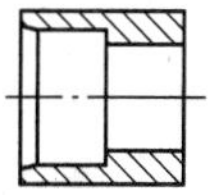	手动控制
12	加工零件 2 左端内螺纹	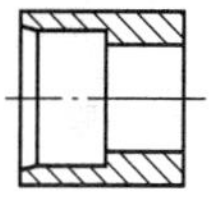	用 G71 循环指令

（2）参考程序

%8001（零件 1 右端加工程序）

T0101　S500　M03　F100	换 1 号刀，粗加工外圆，起动主轴和进给功能
G00　X52　Z2	定位到循环起始点
G71　U1.5　R1　P1　Q2　X0.5　Z0.2	外圆粗车循环
G00　X100　Z100	退回换刀点
T0101　S800　M03　F80	继续使用 1 号刀，精加工外圆，改变主轴和进给速度
G42　G00　X52　Z2	定位并建立刀尖半径补偿
N1　G00　X0	精加工程序起始行
G01　Z0	
G03　X20　Z－10　R10	
G01　Z－15	
X25.567	
X29.567　Z－17	
Z－35	

```
X36
X38   Z－36
G01   Z－50
X42
X46   Z－52
Z－63
N2   G01   X52                         精加工程序结束行，退出加工表面
G40   G00   X100   Z100               退回换刀点，取消刀尖半径补偿
T0202   S400   M03   F20              换 2 号刀切槽，起动主轴和进给功能
G00   X32   Z－35                      定位
G01   X25.567
G00   X32
Z－32
G01   X30
X25.567   Z－34
G04   P2
G00   X32
X100   Z100
T0303   S400   M03                    换 3 号刀车外螺纹，起动主轴功能
G00   X32   Z－12                      定位到螺纹起始点
G80   X28.4   Z－32   F2              螺纹加工循环
X27.8   Z－32
X27.5   Z－32
X27.4   Z－32
G00   X100   Z100                     退回换刀点
M05                                    停止主轴
M30                                    程序结束
%8002（零件 1 左端加工程序）
T0101   S500   M03   F100             换 1 号刀，粗加工外圆，起动主轴和进给功能
G00   X52   Z2                         定位到循环起始点
G71   U1.5   R1   P1   Q2   X0.5   Z0.1   粗车循环
G00   X100   Z100                     退回换刀点
T0101   S800   M03   F80              继续使用 1 号刀精加工外圆，改变主轴转速和
                                       进给速度
G42   G00   X52   Z2                   定位并建立刀尖半径补偿
N1   G00   X36                         精加工起始行
G01   Z－20
G02   X46   Z－25   R5
N2   G01   X52                         精加工结束行，刀具退出加工表面
```

G40　G00　X100　Z100	退回换刀点，取消刀尖半径补偿
T0404　S600　M03　F100	换4号刀，粗加工内孔，起动主轴和进给功能
G00　X22　Z2	定位到循环起始点
G71　U1　R1　P3　Q4　X－0.5　Z0.1	内孔粗车循环
G00　Z100	退回换刀点
X100	
T0404　S800　M03　F80	继续使用4号刀精加工内孔，改变主轴转速和进给速度
G00　X22　Z2	定位
N3　G00　X28	精加工程序起始行
G01　Z0	
X26　Z－1	
G01　Z－15	
N4　G01　X22	精加工程序结束，刀具退出工件表面
G00　Z100	退回换刀点
X100	
M05	主轴停止
M30	程序结束
％8003（零件2右端加工程序）	
T0101　S500　M03　F100	换1号刀粗加工外圆，起动主轴和进给功能
G00　X52　Z2	定位到循环起始点
G71　U1.5　R1　P1　Q2　X0.5　Z0.2	外圆粗车循环
G00　X100　Z100	退回换刀点
T0101　S800　M03　F80	继续使用1号刀精加工外圆，改变主轴转速和进给速度
G00　X52　Z2	定位
N1　G00　X46	精加工程序起始行
G01　Z－35	
N2　G01　X52	精加工程序结束行，刀具退出工件表面
G00　X100　Z100	退回换刀点
T0404　S600　M03　F100	换4号刀粗加工内孔，起动主轴和进给功能
G00　X22　Z2	定位到循环起始点
G71　U1　R1　P3　Q4　X－0.5　Z0.1	内孔粗车循环
G00　Z100	退回换刀点
X100	
T0404　S800　M03　F80	继续使用4号刀精加工内孔，改变主轴转速和进给速度
G41　G00　X22　Z2	定位并建立刀尖半径补偿
N3　G00　X46	精加工程序起始行

```
G01   Z0
G02   X36   Z－5   R5
G01   Z－26
X31.4
X27.4   Z－28
N4   G01   X22                          精加工程序结束行，刀具退出工件表面
G40   G00   Z100                        退回换刀点，取消刀尖半径补偿
X100
M05                                      主轴停止
M30                                      程序结束
%8004　（零件 2 左端加工程序）
T0101   S500   M03   F100               换 1 号刀粗加工外圆，起动主轴和进给功能
G00   X52   Z2                          定位到循环起始点
G71   U1.5   R1   P1   Q2   X0.5   Z0.2  外圆粗车循环
G00   X100   Z100                       退回换刀点
T0101   S800   M03   F80                继续使用 1 号刀精加工外圆，改变主轴转速和
                                         进给速度
G00   X52   Z2                          定位
N1   G00   X42                          精加工程序起始行
G01   Z0
X46   Z－2
Z－13
N2   G01   X52                          精加工程序结束行，刀具退出工件表面
G00   X100   Z100                       退回换刀点
T0404   S600   M03   F100               换 4 号刀粗加工内孔，起动主轴和进给功能
G00   X22   Z2                          定位到循环起始点
G71   U1   R1   P3   Q4   X－0.5   Z0.1  内孔加工循环
G00   Z100                              退回换刀点
X100
T0404   S800   M03   F80                继续使用 4 号刀精加工内孔，改变主轴转速和
                                         进给速度
G00   X22   Z2                          定位
N3   G00   X31.4                        精加工程序起始行
G01   Z0
X27.4   Z－2
Z－23
N4   G01   X22                          精加工程序结束行，刀具退出加工表面
G00   Z100                              退回换刀点
X100
```

T0202　S400　M03	换 2 号刀加工内螺纹（拆除原 2 号到位上的刀，安装此刀）
G00　X26　Z3	定位到螺纹起始点
G82　X28.3　Z-24　F2	螺纹加工循环
X29.1　Z-24	
X29.6　Z-24	
X29.9　Z-24	
X30.0　Z-24	
G00　Z100	退回换刀点
X100	
M05	主轴停止
M30	程序结束

五、设备维护保养

1）检查导轨润滑油的油量，及时添加润滑油，检查润滑油泵是否定时起动泵油及停止。

2）检查主轴恒温油箱工作温度是否正常，油量是否充足。

3）清除 X 轴、Z 轴导轨面上的切屑和脏物，检查导轨面有无划伤，润滑油是否充足。

4）操作结束后，将刀架停在机床尾部并关机。

六、实训效果考核

按图 1-17、图 1-18 和图 1-19 所示要求加工配合件。

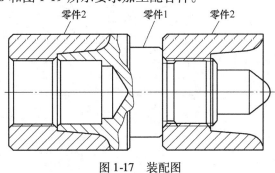

图 1-17　装配图

图 1-18　零件 1

图 1-19　零件 2

课题一 数控铣床的基本操作

一、实训目标及课时

1）将图 2-1 所示零件的加工程序输入到数控机床并保存。程序如下：

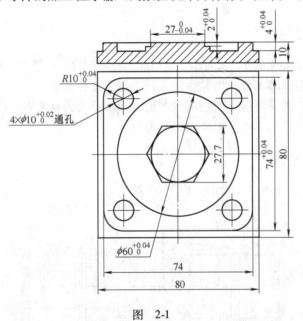

图 2-1

O0998	文件名
0095	程序名
N10 G90 G54 G17 G0 X0 Y0	设定工件坐标系
N20 S600 M03 Z50	主轴正转
N30 X – 50 Y0	进刀点
N40 Z5	
N50 G01 Z – 3 F100	深度3mm
N60 G42 D1 Y13 F150	建立刀具右补偿
N70 G02 X – 37 Y0 R13	
N80 G01 Y – 27	
N90 G03 X – 27 Y – 13 R10	

N100	G01	X27					

```
N100   G01   X27
N110   G03   X37   Y－27   R10
N120   Y27
N130   G03   X27   Y37   R10
N140   G01   X－27
N150   G03   X－37   Y27   R10
N160   G01   Y0
N170   G02   X－50   Y－13   R13
N180   G01   G40   Y0                          取消刀补
N190   G0    Z10                               提刀
N200   X－25
N210   G01   Z－4   F100
N220   G02   I25
N230   G01   X－22
N240   G42   D1   X－13.5   Y0   F150          建立刀具右补偿
N250   Y－8
N260   X0   Y－16
N270   X13.5   Y－8
N280   Y8
N290   X0   Y16
N300   X－13.5   Y8
N310   Y0
N320   G40   X－22                             取消刀补
N330   G1    Z－2   F100
N340   X－18.5
N350   G03   I18.5
N360   G01   X－22
N370   G0    Z50
N380   G99   G81   X27   Y27   R5   Z－13   F100   钻孔
N390   Y－27
N400   X－27
N410   Y27
N420   G0    Z50
N430   M05                                     主轴停转
N440   M30                                     程序结束
```

2) 通过完成华中系统数控铣床程序输入，了解数控系统的性能、特点及其操作面板按钮的分布、功能与使用；掌握数控铣床的各种基本操作。

3) 熟悉 HNC-21/22M 数控铣床的操作面板界面；掌握数控铣各种基本操作方法，即开、关机步骤、手动移动、自动运行、MDI 运行、程序的编辑与校验、安全防护及报警处理等操作。

　　4）需用课时：4学时。

二、实训设备、刀具、量具及夹具

　　1）设备：XK7132立式铣床。

　　2）刀具：ϕ12mm立铣刀。

　　3）量具：0~150mm游标卡尺。

　　4）夹具：机用虎钳。

三、安全操作要点

　　1）严禁两人或多人同时操作一台机床。

　　2）回零时工作台或主轴不能离零点太近。

四、实训操作步骤

　　（1）相关知识　华中系统数控铣床控制面板包括机床操作面板和CNC数控系统操作面板，介绍如下。

　　1）机床操作面板。机床操作面板位于显示屏的下侧，如图2-2所示。主要用于控制机床的运动和选择机床运行状态，由模式选择旋钮、数控程序运行控制开关等多个部分组成，各部分详细说明见表2-1。

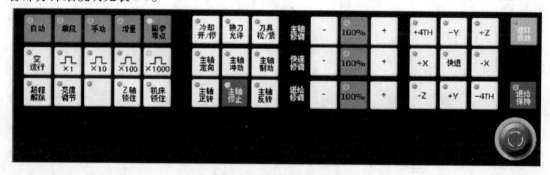

图2-2　数控铣床操作面板

表2-1　机床操作面板按键功能说明

键类别	键名	功能说明
方式选择键	回参考点	"回参考点"工作方式下：手动返回参考点，建立机床坐标系（机床开机后应首先进行回参考点操作）
	增量	"增量"工作方式下：定量移动机床坐标轴，移动距离由倍率调整（可控制机床精确定位，但不连续）"手摇"工作方式下：当手持盒打开后，"增量"方式变为"手摇"，倍率仍有效。可连续精确控制机床的移动。机床进给速度受操作者手动速度和倍率控制
	手动	"手动"工作方式下：通过机床操作键可手动移动机床各轴，手动起动主轴正反转、手动控制刀具夹紧与松开和切削液开与关
	单段	"单段"工作方式下：自动逐段地加工工件（按一次"循环启动"键，执行一个程序段，到程序运行完成）；MDI模式下运行指令

（续）

键类别	键　　名	功　能　说　明
方式选择键	自动	"自动"工作方式下：自动连续加工工件；模拟加工工件；在 MDI 模式下运行指令
主轴控制键	主轴定向	在手动方式下，按一下"主轴定向"按键，主轴立即执行主轴定向功能。定向完成后，按键内指示灯亮，主轴准确停止在某一固定位置
	主轴冲动	在手动方式下，按一下"主轴冲动"按键，指示灯亮。主电动机以机床参数设定的转速和时间转动一定的角度
	主轴制动	在手动方式下，按一下"主轴制动"按键，指示灯亮，主电动机被锁定在当前位置
	主轴正转	在手动方式下，按一下"主轴正转"按键，指示灯亮，主电动机以机床参数设定的转速正转
	主轴停止	在手动方式下，按一下"主轴停止"按键，指示灯亮，主电动机停止运转
	主轴反转	在手动方式下，按一下"主轴反转"按键，指示灯亮，主电动机以机床参数设定的转速反转
增量倍率	×1　×10　×100　×1000	选择手动移动时每一步的距离。×1 为 0.001mm，×10 为 0.01mm，×100 为 0.1mm，×1000 为 1mm
锁住按钮	Z轴锁住	禁止进给；在手动运行开始前，按一下"Z 轴锁住"按键，指示灯亮，再手动移动 Z 轴，Z 轴坐标位置信息变化，但 Z 轴不运动
	机床锁住	禁止机床所有运动，在自动运行开始前，按一下"机床锁住"按键（指示灯亮），再按"循环启动"按键，系统继续执行程序，显示屏上的坐标轴位置信息变化，但不输出伺服轴的移动指令，所以机床停止不动，这个功能用于校验程序
刀具松/紧	换刀允许	在手动方式下，通过按压"换刀允许"按键，使得允许刀具松/紧操作有效（指示灯亮）
	刀具松/紧	按一下"刀具松/紧"按键，松开刀具（默认值为夹紧）。再按一下又为夹紧刀具，如此循环
数控程序运行控制开关	循环启动	"自动"、"单段"工作方式下有效。按下该键后，机床可进行自动加工或模拟加工。注意自动加工前应对刀正确
	空运行	按下此键，各轴以固定的速度运动
	进给保持	在数控程序运行中，按下此按钮停止程序运行
超程解除	超程解除	当机床超出安全行程时，行程开关撞到机床上的挡块，切断机床伺服强电，机床不能动作，起到保护作用。如要重新工作，需一直按下该键，接通伺服电源，再在"手动"方式下，反向手动移动机床，使行程开关离开挡块

(续)

键类别	键 名	功 能 说 明
冷却 开/停	冷却 开/停	在手动方式下,按一下"冷却开/停"按键切削液开(默认值为切削液关),再按一下又 为切削液关,如此循环
主轴转 数和进 给倍率 修调	主轴修调 - 100% + 快速修调 - 100% + 进给修调 - 100% +	主轴正转及反转的速度可通过主轴修调调节,按压"主轴修调"右侧的"100%"按键, 指示灯亮。主轴修调倍率被置为100%,按一下"+"按键,主轴修调倍率递增5%,按一 下"-"按键,主轴修调倍率递减5%,机械齿轮换档时,主轴速度不能修调。快速修调 和进给修调作用同上
轴与方 向键	+4TH -Y +Z +X 快进 -X -Z +Y -4TH	在手动方式下,按各轴方向键,可手动移动机床坐标轴
急停		机床运行过程中,在危险或紧急情况下按下"急停"按钮,CNC 即进入急停状态,伺服 进给及主轴运转立即停止工作(控制柜内的进给驱动电源被切断)。松开急停按钮并 将其左旋,按钮自动跳起,CNC 进入复位状态

2) CNC 数控系统操作面板。CNC 数控系统操作键盘在显示屏右侧,如图 2-3 所示。用操作键盘结合显示屏可以进行数控系统操作。CNC 数控系统操作同计算机键盘按键功能一样,包括字母键、数字键、编辑键等。数控系统操作面板功能说明见表 2-2。

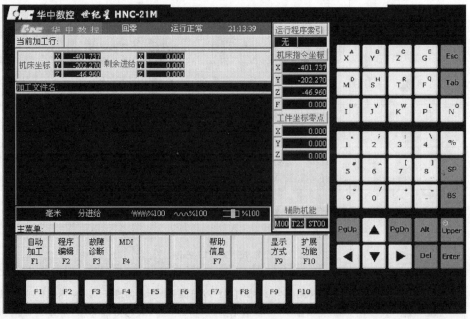

图 2-3　数控系统操作面板

表 2-2 系统操作面板功能键说明

字母数字键		数字、符号键:要选择符号,需按 Upper 键,再按相对应字母键
		字母键:每个按键上都有两个字符,要选择上位字母,则需按 Upper 键,再按相对应字母键
编辑键	Alt	替代键:用输入的数据替代光标所在的数据
	Del	删除键:删除光标所在的数据,或者删除一个数控程序,或者删除全部数控程序
	Esc	取消键:取消当前操作
	Tab	跳档键
	SP	空格键:空出一格
	BS	退格键:删除光标前的一个字符,光标向前移动一个字符位置,余下的字符左移一个字符位置
	Enter	确认键:确认当前操作;结束一行程序的输入并且换行
	Upper	上档键
翻页按键	PgUp	向上翻页:使编辑程序向程序头滚动一屏,光标位置不变。如果到了程序头,则光标移到文件首行的第一个字符处
	PgDn	向下翻页:使编辑程序向程序尾滚动一屏,光标位置不变。如果到了程序尾,则光标移到文件末行的第一个字符处

（续）

光标移动	▲	向上移动光标
	▼	向下移动光标
	◀	向左移动光标
	▶	向右移动光标

（2）操作步骤

1）开机。合上机床侧总电源开关→按下机床操作面板上的绿色"电源开"按钮，HNC-21M系统自检，待画面稳定后→右旋红色急停开关→听到一声响后，屏幕上方的加工方式显示"手动"字样，表示开机工作完成。

2）回零。回零之前，应检查滑板所处的位置是否在参考点内侧，离参考点距离是否太近。如果太近，应在手动方式下移离参考点一段距离。

①如果系统显示的当前工作方式不是回零方式，按一下操作面板上面的 ![参考点] 按键，确保系统处于回零方式。

②按一下 +Z 按键，主轴沿Z轴正方向移动，回参考点后指示灯亮。

③分别按 +X 、+Y 按键，滑板分别沿X轴、Y轴正方向移动，回参考点后指示灯亮。所有轴回参考点后即建立了机床坐标系。

3）设定主轴转数。在MDI方式下，按"F3"键；输入"M03 S××××"，如"M03 S800"，并按"Enter"键；选择"自动"或"单段"方式，按"循环启动"键起动主轴。在手动状态下，按"主轴停止"键，主轴停转。

注意：正常开机后，机床默认主轴转数 S 为500r/min；按"主轴正转"键后，必须先按"主轴停止"键，才可以按"主轴反转"键。

4）程序编辑

①新建程序。按"F1"键，如图2-4所示，查看当前文件名内容（输入新的文件名不能与机床里已有的程序重名）；按"F10"键返回，按"F2"键编辑程序→按"F3"键新建程序→输入文件名"O0098"，程序文件名一般是由字母O开头，后跟四个或多个数字或字母），按"Enter"键，输入程序名"%0098"，按"Enter"键，然后输入程序内

图2-4　新建程序界面

容，一段一段地输入，每输完一段，就按 Enter 键换行，直到输完整个程序，如图 2-5 所示。

②保存程序。输完新的程序后→按"F4"键，按"Enter"键，即可成功保存文件。

③修改程序。按"F1"键选择程序，找到要修改程序的文件名（利用上或下光标），按"Enter"键，按"F2"键，进入程序内容画面，利用"Del"、"Pgup"、"Pgdn"、"BS"等软件键来修改程序。

Del：删除光标后的一个字符，光标位置不变，每按一次"Del"键，其余的字符左移一字符位置。

Pgdn：使编辑程序向程序尾滚动一屏，光标位置不变，如果移到程序尾，则光标定位在文件末行的第一字符处。

BS：删除光标前的一个字符，光标向前移动一个字符位置，后面的字符全部左移一个字符位置。

④删除程序。按"F1"键选择程序，找到要删除的文件名，按"Del"键，按字母"Y"或"Enter"键，即可删除程序文件。

图 2-5　程序编辑界面

（3）工件装夹　选用机用虎钳装夹工件，注意清扫机用虎钳，机用虎钳下放块垫块，工件放在垫块上，使工件上表面高出机用虎钳钳口 6mm，用钳口夹紧工件。

（4）刀具安装　选用 10mm 立铣刀加工六边形外轮廓及底面，安装时注意将刀柄与主轴内锥擦干净，确保刀具安装牢固可靠。

（5）对刀操作　对刀的目的是找出工件坐标系的原点在机床坐标系中的坐标值，然后将此坐标值输入到 G54～G59 六个坐标系之中的一个。本程序选用 G54 工件坐标系。输入完成后，自动运行程序时，刀具则按照以工件原点编好的程序自动加工工件。本例工件尺寸为 80mm×80mm×10mm，四周边和上下两面已加工好，现要加工正六边形外轮廓和台阶底面，工件原点设在工件表面六边形的中心。利用手轮接近工件，分别对 X、Y、Z 轴进行对刀（见图 2-6）。具体步骤如下：

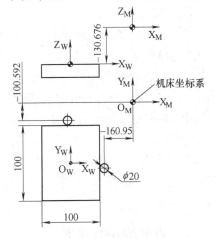

图 2-6　G54 零点偏置值确定

1）X 轴方向对刀。按"增量"按钮，将面板上"轴选择"旋钮旋至箭头指向 X 位置，根据刀具离工件的距离适当选择增量倍率（增量值有×1、×10、×100），然后顺时针或逆时针转动手轮，使工件右侧边靠近刀具。当工件与刀具距离很小时，增量选择×1（0.001mm），然后一只手慢慢地转动手轮；另一只手顺时针转动刀具，使切削刃口与工件相切，然后记下此时刀具在机床坐标系中的 X 轴坐标值，如 X 为 -160.950mm，加上刀具中心到工件中心点距离值（10mm+50mm），最后得知工件坐标系原点在机床坐标系中的 X 轴坐标值为 -220.950mm；X 轴对刀完成后，将面板上"轴选择"旋钮旋至箭头指向 Z 位置，顺时针旋转手轮，将刀具提到工件上面。

2）Y轴方向对刀。操作方法同X轴。对好Y轴后，记下机床坐标中Y轴坐标值，如Y轴坐标值为 -100.592mm，加上刀具中心到工件中心点距离值（10mm+50mm），最后得知工件坐标系原点在机床坐标系中Y轴坐标值为 -160.592mm；Y轴对刀完成后，将面板上"轴选择"旋钮旋至箭头指向Z位置，顺时针旋转手轮，将刀提到工件上面。

3）Z轴方向对刀。操作方法同上，对好Z轴后，记下工件上表面在机床坐标系的Z轴坐标值，如Z轴坐标值为 -130.676mm（因为刀具的端面与工件表面重合，所以偏移量为零）。

把 X = -220.950mm，Y = -160.592mm，Z = -130.676mm 输入到 G54 中。按"F5"键，按坐标系设定"F1"键，看当前屏幕显示哪个自动坐标系（F1→G54，F2→G55，F3→G56，F4→G57，F5→G58，F6→G59），按"F1"键→输入记下的坐标值，按"Enter"键完成。

（6）程序校验与首件试切　程序校验用于对调入加工缓冲区的程序文件进行校验，并提示可能的错误，其步骤如下：按选择程序"F1"键，找到所要校验的加工程序，将光标移动到程序文件名上，按"Enter"键，按程序校验"F5"键→按"自动"方式键→按"循环启动"，即可对程序进行校验。

若程序正确，校验完成后，光标将返回到程序头，且软件操作界面的工作方式显示为"自动"；若程序有错，命令行将提示程序的哪一行有错，修改后可继续校验，直到程序正确为止。

注意：

1）程序校验运行时，机床不动作。

2）为确保加工程序正确无误，请选择不同的图形显示方式来观察校验运行的结果。

3）每次程序校验完后，都必须再次回零，然后按 -X、-Y、-Z 轴移动工作台和主轴到合适位置。

（7）工件加工　系统输入零件加工程序，经校验无误后可正式启动运行。

按选择程序"F1"键，找到所需加工的程序，按"Enter"键，屏幕显示加工程序。加工之前，把进给修调和快进修调倍率调到20%，按"自动"键，选择自动运行方式，按"循环启动"键，待刀具开始切削时，再将倍率调到合适位置。按"显示切换"键，显示加工图形。零件完成加工后，按"手动"键，移出Y轴，取出工件。

注意：加工过程中，安全门要关好，人侧立观察，以防切屑飞溅伤人。

（8）关机　机床完成所有操作后，把工作台移至主轴中间，按操作面板上红色"急停"按钮，按NC系统"电源关"按钮，右旋机床电柜门上断路器，最后断开总电源开关。

五、设备维护与保养

1）关机之前必须把机床清扫干净。

2）Z轴移至机床坐标50mm处，X、Y轴移至机床中间位置。

六、实训效果考核

实训效果考核项目见表2-3。

表 2-3　实训效果考核表

序　号	检查项目	检查标准	配　分	检查结果	
				自　评	互　评
1	零件尺寸及公差	见图样	20		
2	表面粗糙度	见图样	10		
3	几何公差	见图样	10		
4	设备操作	见操作说明书	20		
5	工件、刀具装夹	见安装使用要求	10		
6	设备正确使用与维护保养	见设备保养标准	5		
7	安全操作规范	见设备安全操作规程	10		
8	刀具、工具等工位器具摆放	见现场管理标准	5		
9	零件测量方法与量具使用	见零件检测与量具使用	5		
10	职业素养	见行为规范标准	5		
总　　计			100		

课题二　平面轮廓加工

一、实训目标及课时

1）加工图 2-7 所示工件的外轮廓，根据所学知识，按图样要求计算出各基点，利用 G00 \G01 等指令按轮廓的形状编制程序。

2）掌握 G00/G01、G90/G91 指令的用法。

3）掌握刀具半径补偿的相关知识。

4）掌握外轮廓铣削时进、退刀点的选择

5）需用课时：4 学时。

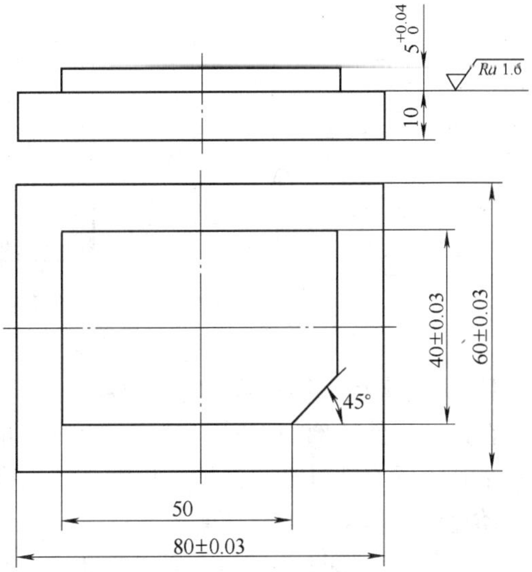

二、实训设备、刀具、量具、夹具与材料

1）设备：XK7132 立式铣床。

2）刀具：ϕ12mm 立铣刀。

3）量具：0～150mm 游标卡尺。

4）夹具：机用虎钳。

图 2-7　平面轮廓

三、安全操作要点

1）确定工件零点刀补数据非常重要，在操作中要特别小心，以免设置错误造成碰撞事故。

2）刀具补偿及补偿量要与刀具号统一。

四、实训操作步骤

（1）相关知识

1）快速定位 G00。

格式：G00　X～　Y～　Z～　A～

其中，X、Y、Z、A 为快速定位终点，G90 时为终点在工件坐标系中的坐标；G91 时为终点相对于起点的位移量。

G00 为模态代码，可由 G01、G02、G03 功能注销。

2）直线插补 G01。

格式：G01　X～　Y～　Z～　A～　F～

其中，X、Y、Z、A 后数值为终点坐标值，G90 时为终点在工件坐标系中的坐标；G91 时为终点相对于起点的位移量。

G01 和 F 都是模态代码，G01 可由 G00、G02、G03 功能注销。

3）绝对值编程 G90 与相对值编程 G91（见图 2-8）。

格式：

G90　G～　X～　Y～　Z～

G91　G～　X～　Y～　Z～

G90 为绝对值编程，每个轴上的编程值是相对于程序原点的。

G91 为相对值编程，每个轴上的编程值是相对于前一位置而言的，该值等于沿轴移动的距离。

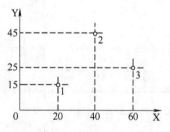

%0001	%0002
N1　G92　X0　Y0	N1　G91　G01　X20　Y15
N2　G90　G01　X20　Y15	N2　X20　Y30
N3　X40　Y5	N3　X20　Y-20
N4　X60　Y25	N4　X-60　Y-25
N5　X0　Y0	N5　M30
N6　M30	

图 2-8　坐标图

4）刀具半径补偿 G40、G41、G42

在进行零件轮廓加工时，刀具中心轨迹相对于零件轮廓应让开一个刀具半径的距离，即刀具半径偏置或刀具半径补偿。根据零件轮廓编制的程序和预先设定的偏置参数，数控系统能自动完成刀具半径补偿功能。

G40、G41、G42 为刀具半径补偿指令，如图 2-9 所示。

格式：$\begin{Bmatrix} G17 \\ G18 \\ G19 \end{Bmatrix} \begin{Bmatrix} G40 \\ G41 \\ G42 \end{Bmatrix} \begin{Bmatrix} G00 \\ G01 \end{Bmatrix}$ X～　Y～　Z～　D～

说明：

G40：取消刀具半径补偿。

G41：左刀补（在刀具前进方向左侧补偿），如图 2-9a 所示。

G42：右刀补（在刀具前进方向右侧补偿），如图 2-9b 所示。

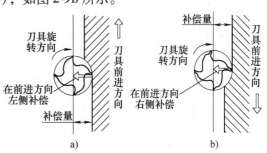

X、Y、Z：G00/G01 的参数，即刀补建立或取消的终点（注：投影到补偿平面上的刀具轨迹受到补偿）。

D：G41/G42 的参数，即刀补号码，它代表了刀补表中对应的半径补偿值。

G40、G41、G42 都是模态代码，可相互注销。

图 2-9 刀具半径补偿指令

a) 左刀补 b) 右刀补

注意：

①刀具半径补偿平面的切换必须在补偿取消方式下进行。

②刀具半径补偿的建立与取消只能用 G00 或 G01 指令，不得是 G02 或 G03。

（2）任务实施

1）毛坯尺寸：$80mm \times 60mm \times 10mm$。

2）确定工艺路线。

①选择工件零点，确定工件零点为毛坯上表面中心，通过对刀设定工件零点 G54。

②以底面为定位基准，用机用虎钳装夹。

（3）参考程序如下：

%01

N10	G54	G90	G17	G0	X0	Y0	设定工件坐标系，绝对编程，XY 平面，快速定位中心
N20	S600	M03	Z50				主轴正转，刀具移动到原点上方 50mm 处
N30	X－45	Y－30					定位进刀点
N40	Z5						
N50	G01	Z－5	F100				进刀
N60	G42	D1	X－30	Y－20			刀具右补偿，切削至第一点
N70	X20	Y－20					
N80	X30	Y－10					
N90	X30	Y20					
N100	X－30	Y20					
N110	X－30	Y－20					
N120	Y－45	G40					取消刀具补偿
N130	G0	Z50					刀具移至工件上方 50mm 处
N140	M05						主轴停转
N150	M30						程序结束

（4）加工操作

1）机床回零。

2）找正机用虎钳，保证其与机床 X 轴的平行度。

3）通过垫铁组合，保证工件伸出钳口5mm。

4）安装12mm立铣刀。

5）用G54设置工件零点，X、Y零点在工件的对称中心，Z在工件表面。

6）设定刀具补偿，D1 = 5。

7）粗铣外轮廓。

8）测量工件，计算并修改刀补，精加工至尺寸。

五、设备维护与保养

1）关机之前必须把机床清扫干净。

2）Z轴移至机床坐标50mm处，X、Y轴移至机床中间位置。

六、实训效果考核

1）刀具半径补偿功能指令有几种？其含义是什么？

2）编程并加工图2-10所示零件。

3）写出图2-10所示零件的加工工序以及所使用的刀具和量具，并写出能够正确加工工件的程序，详细写出操作步骤。记下加工过程中所遇到的问题以及是如何解决这些问题的。

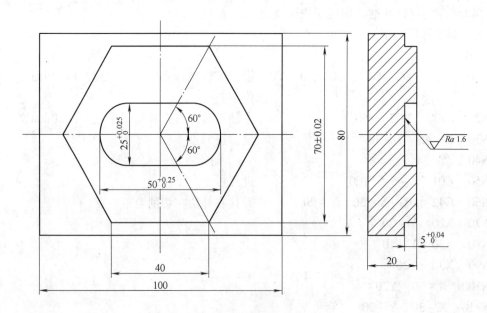

图2-10 内外轮廓加工

课题三 圆弧铣削加工

一、实训目标及课时

1）加工图2-11所示零件轮廓，保证尺寸精度。零件加工部位由规则对称圆弧槽组成，其几何形状属于平面二维图形。

2）掌握 G02、G03 指令的选择、编写格式及编程方法。

3）熟练掌握圆弧铣削的方法。

4）需用课时：4 学时。

二、实训设备、刀具、量具、夹具与材料

1）设备：XK7132 立式铣床。

2）刀具：φ12mm 立铣刀。

3）量具：0～150mm 游标卡尺。

4）夹具：机用虎钳。

三、安全操作要点

补偿的数值、符号及数据所在地址的正确与否都会影响加工的准确性，任意一项有错都将导致撞刀或加工零件报废。

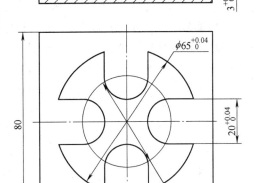

图 2-11 圆弧铣削

四、实训操作步骤

（1）相关知识 圆弧进给指令 G02，G03。各平面内圆弧情况如图 2-12 所示。

XY 平面格式：

G17　G02　X～　Y～　I～　J～　（R～）　F～

G17　G03　X～　Y～　I～　J～　（R～）　F～

ZX 平面格式：

G18　G02　X～　Z～　I～　K～　（R～）　F～

G18　G03　X～　Z～　I～　K～　（R～）　F～

YZ 平面格式：

G19　G02　Z～　Y～　J～　K～　（R～）　F～

G19　G03　Z～　Y～　J～　K～　（R～）　F～

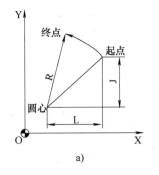 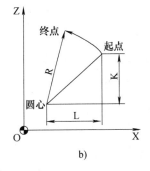 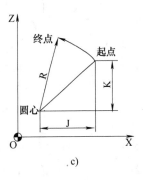

图 2-12　各平面内圆弧情况

a）XY 平面圆弧　b）ZX 平面圆弧　c）YZ 平面圆弧

其中，用 G17 代码进行 XY 平面的指定，省略时就被默认为是 G17，但在 ZX（G18）和 YZ（G19）平面上编程时，平面指定代码不能省略。

圆弧插补注意事项：

1）当圆弧圆心角小于 180°时，R 为正值。

2）当圆弧圆心角大于 180°时，R 为负值。

3）整圆编程时不可以使用 R，只能用 I、J、K。

4）F 为编程的两个轴的合成进给速度。

（2）任务实施

1）毛坯尺寸：80mm×80mm×15mm。

2）确定工艺方案和加工路线。

①工件零点设定在毛坯上表面的中心——G54。

②以底面为基准，用机用虎钳装夹。

③选择 ϕ12mm 立铣刀铣削 ϕ65mm 圆柱和四个宽度为 20mm 的圆弧槽。

（3）参考程序

```
%01
N10  G54  G90  G17  G0  X0  Y0      设定工件坐标系，绝对值编程，XY 平面，快
                                    速定位中心
N20  S600  M03  Z50                 主轴正转
N30  X-40  Y0                       定位进刀点
N40  Z5                             刀具移动至工件表面 5mm 处
N50  G01  Z-3  F100                 进刀，深度为 3mm
N60  G42  D1  X-30.92  Y0           刀具右补偿，切削至第一点
N70  Y-10
N80  G03  X-10  Y-30.92  R32.5
N90  G01  Y-20
N100  G02  X10  Y-20  R20
N110  G01  Y-30.92
N120  G03  X30.92  Y-10  R32.5
N130  G01  X20  Y-10
N140  G02  X20  Y10  R20
N150  G01  X30.92  Y10
N160  G03  X10  Y30.92  R32.5
N170  G01  X10  Y20
N180  G02  X-10  Y20  R20
N190  G01  X-10  Y30.92
N200  G03  X-30.92  Y10  R32.5
N210  G01  X-20  Y10
N220  G02  X-20  Y-10  R20
N230  G01  X-30.92  Y-10
```

N240	Y0	
N250	X – 40　G40	取消半径补偿
N260	G0　Z50	刀具移至工件上方50mm处
N270	M05	主轴停转
N280	M30	程序结束

（4）加工操作

1）机床回零。

2）用机用虎钳装夹工件并找正，保证工件伸出钳口5mm。

3）安装 ϕ12mm立铣刀，用弹簧夹头夹持。

4）用G54设定工件零点，X、Y零点在工件对称中心上，Z在工件表面上。

5）设定刀补值。

五、设备维护与保养

1）关机之前必须把机床清扫干净。

2）Z轴移至机床坐标50mm处，X、Y轴移至机床中间位置。

六、实训效果考核

1）编程并加工图2-13所示零件。

2）写出图2-13所示零件的加工工序以及所使用的刀具和量具，并写出能够正确加工工件的程序，详细写出操作步骤。记下加工过程中所遇到的问题以及是如何解决这些问题的。

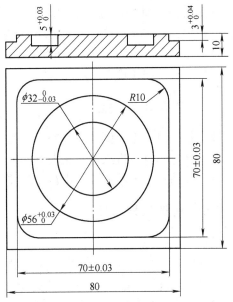

图2-13　圆弧槽零件

课题四　孔类零件加工

一、实训目标及课时

1）编制图2-14所示零件的钻孔加工程序。该零件为孔类零件，适合采用数控钻铣床进行加工，要编制其加工程序首先需要了解孔类加工刀具的选择和使用；其次，要根据孔的形状和加工特点选择合适的固定循环指令；然后，按照数控系统的格式进行编程，才能编制出正确合理的加工程序。深孔加工要考虑冷却和排屑的问题，所以在加工的过程中要有刀具停顿和退刀的动作。

在孔加工过程当中要保证孔径尺寸精度与表面质量，就要求适当地采用扩孔或者铰孔。

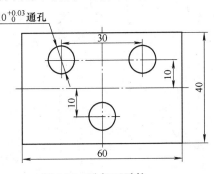

图2-14　孔加工零件

2）掌握固定循环指令格式及各参数含义，刀具运动动作构成。

3）掌握孔类零件的加工工艺及孔尺寸控制方法。

4）掌握孔加工程序的编制。

5）掌握多孔及深孔的加工方法。

6）掌握铰孔的应用及加工特点。

7）需用课时：4 学时。

二、实训设备、刀具、量具、夹具与材料

1）设备：XK7132 立式铣床。

2）刀具：ϕ3mm 中心钻、ϕ9.8mm 麻花钻、ϕ10H7mm 铰刀。

3）量具：0~150mm 游标卡尺。

4）夹具：机用虎钳。

三、安全操作要点

1）钻孔时，不要调整进给修调开关和主轴转速倍率开关，以提高钻孔表面质量。

2）麻花钻垂直进给量不能太大。

3）孔的正下方不能放垫块，并应控制进刀深度，以免损坏机用虎钳。

四、实训操作步骤

（1）相关知识

1）固定循环。数控加工中，某些加工动作循环已经典型化。例如，钻孔、镗孔的动作是孔位平面定位，快速引进，工作进给，快速退回等，这样一系列典型的加工动作已经预先编好程序，存储在内存中，可用包含 G 代码的一个程序段调用，从而简化编程工作。这种包含了典型动作循环的 G 代码称为循环指令。

孔加工固定循环指令有 G73，G74，G76，G80~G89，通常由下述 6 个动作构成，如图 2-15 所示。

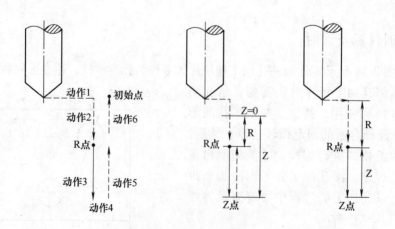

图 2-15　孔加工固定循环指令动作

①X、Y轴定位。

②快速运动到R点（参考点）。

③孔加工。

④在孔底的动作。

⑤退回到R点（参考点）。

⑥快速返回到初始点。

固定循环的程序格式包括数据形式、返回点平面、孔加工方式、孔位置数据、孔加工数据和循环次数。数据形式（G90或G91）在程序开始时就已指定，因此，在固定循环程序格式中可不注出。固定循环的程序格式如下：

G98（G99）G～ X～ Y～ Z～ R～ Q～ P～ I～ J～ K～ F～ L～

式中，第一个G代码（G98或者G99）为返回点平面G代码，G98为返回初始平面，G99为返回R点平面；第二个G代码为孔加工方式，为模态指令，即固定循环代码G73，G74，G76和G81～G89中的任一个；X、Y为孔位数据，指被加工孔的位置；Z为R点到孔底的距离（G91时）或孔底坐标（G90时）；R为初始点到R点的距离（G91时）或R点的坐标值（G90时）；Q指定每次进给的深度（G73或G83时），是增量值，$Q<0$；K指定每次退刀（G73或G83时）刀具的位移增量，$K>0$；I、J指定刀尖向反方向的移动量（分别在X、Y轴向上）；P指定刀具在孔底的暂停时间；F为切削进给速度；L指定固定循环的次数。

G80、G01～G03等代码可以取消固定循环。

2）固定循环命令格式。

①G73：高速深孔加工循环。

格式：G98/G99 G73 X～ Y～ Z～ R～ Q～ P～ K～ F～

说明：Q为每次进给深度；K为每次退刀距离。

②G74：反攻螺纹循环。

格式：G98/G99 G74 X～ Y～ Z～ R～ P～ F～

G74攻反螺纹时主轴反转，到孔底时主轴正转，然后退回。

③G76：精镗孔循环。

格式：G98/G99 X～ Y～ Z～ R～ I～ J～ F～

④G81：钻孔循环（中心钻）。

格式：G98/G99 X～ Y～ Z～ R～ F～

⑤G82：带停顿的钻孔循环。

格式：G98/G99 X～ Y～ Z～ R～ P～ F～

⑥G83：深孔加工循环。

格式：G98/G99 X～ Y～ Z～ R～ Q～ K～ F

说明：Q为每次进给深度；K为每次退刀后，再次进给时，由快速进给转为切削进给时距上次加工面的距离。

⑦G84：攻螺纹循环。

格式：G98/G99 X～ Y～ Z～ R～ P～ F

说明：G84攻螺纹时从R点到Z点主轴正转，在孔底暂停后，主轴反转，然后退回。

3) 刀具长度补偿 G43、G44、G49。

①建立、取消刀具长度补偿的程序段必须是指令主轴方向上不为零的直线移动的程序段，指令格式为：

$$G43/G44 \quad H\_\_\_ \quad Z\_\_\_$$

取消刀具长度补偿的指令格式为：

$$G49$$

②Z 值和 H 值均可正、可负。当采用 G43 指令时，若刀具长度小于编程时的刀具长度，H 中的数值取正值；刀具长度大于编程时的刀具长度时，H 中的数值取负值。G44 指令与 G43 指令正好相反。

③应用刀具长度补偿指令时，若刀具在长度方向上的尺寸发生变化（如刀具磨损或制造误差），只需改变有补偿值，而不需要改变程序，就可以加工出零件的原定尺寸。

G43、G44、G49 都是模态代码，可相互注销。

（2）任务实施

1) 毛坯尺寸：$60mm \times 40mm \times 15mm$。

2) 选择数控铣床（华中系统），刀具选择高速钢材料。

3) 确定加工路线。

4) 确定工件零点在毛坯的中间，Z 轴零点在工件表面，通过对刀设定零点偏置 G54。

5) 以底面为基准，用机用虎钳装夹。

6) 选择刀具。T1：$\phi 3mm$ 中心钻；T2：$\phi 9.8mm$ 麻花钻；T3：$\phi 10H7mm$ 铰刀。

（3）参考程序

```
%001
N10    G54  G90  G17  G00  X0   Y0   T1              调用 1 号刀 T1：φ3mm 中心钻
N20    G43  H1   Z50                                 调用 1 号刀长度补偿
N30    S1000  M03
N40    G99  G81  X15  Y10  Z-5   R5   F60
N50    X-15  Y10
N60    X0   Y-10
N70    G0   Z50
N80    M05
N90    M00                                           程序暂停
N100   G54  G90  G17  G00  X0   Y0   T2              调用 2 号刀 T2：φ9.8mm 麻花钻
N110   G43  H2   Z50                                 调用 2 号刀长度补偿
N120   S600  M03
N130   G99  G83  X15  Y10  Z-15  R5  Q-5  K1  F60    深孔钻循环
N140   X-15  Y10
N150   X0   Y-10
N160   G0   Z50
N170   M05
N180   M00                                           程序暂停
```

N190	G54	G90	G17	G00	X0	Y0	T3	调用3号刀T3：ϕ10H7mm 铰刀，铰孔
N200	G43	H3	Z50					调用3号刀长度补偿
N210	S200	M03						
N220	G99	G81	X15	Y10	Z−12	R5	F60	
N230	X−15	Y10						
N240	X0	Y−10						
N250	G0	Z50						
N260	M05							
N270	M30							程序结束

（4）加工操作

1）机床回零。

2）把工件安装在机用虎钳上，上表面高出钳口 3～5mm，下表面由垫块垫起，夹紧力适中。

3）刀具用弹簧夹头夹持，装刀、对刀，确定 G54 坐标系。

4）输入程序并检验。

5）自动加工并测量工件。

五、设备维护与保养

1）关机之前必须把机床清扫干净。

2）Z轴移至机床坐标50mm处，X、Y轴移至机床中间位置。

六、实训效果考核

1）编程并加工图2-16所示零件。

2）写出图2-16所示零件的加工工序以及使用的刀具和量具，并写出能够正确加工工件的程序，详细写出操作步骤。记下加工过程中所遇到的问题以及是如何解决这些问题的。

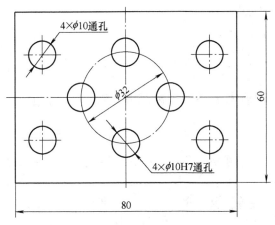

图2-16　孔加工零件

课题五　槽类零件的铣削加工

一、实训目标及课时

1）加工图 2-17 所示零件轮廓，并保证尺寸精度。在加工内轮廓时，要注意刀具直径要小于或等于轮廓的最小直径。

2）内轮廓铣削时进、退刀点的选择。

3）简化编程命令（镜像、旋转、缩放）。

4）掌握利用刀具半径补偿控制零件尺寸精度方法。

5）利用简化编程命令编写加工程序。

6）掌握刀具长度补偿的相关知识。

7）需用课时：4 学时。

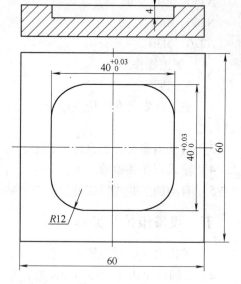

图 2-17　槽类零件

二、实训设备、刀具、量具及夹具

设备：XK7132 立式铣床。

刀具：ϕ12mm 键槽铣刀。

量具：0 ~ 150mm 游标卡尺。

夹具：机用虎钳。

三、安全操作要点

在设计进给路线时，要注意内外轮廓铣削的不同，合理安排效率最佳的路线，同时保证进给时不碰撞工件或夹具。

四、实训操作步骤

（1）相关知识

1）镜像功能：G24，G25。

格式：G24　X~　Y~　Z~　A~

　　　　M98　P~

　　　　G25　X~　Y~　Z~　A~

G24 建立镜像，由指令坐标轴后的坐标值指定镜像位置（对称轴、线、点）。

G25 指令用于取消镜像。

G24、G25 为模态指令，可相互注销，G25 为默认值。

注意：有刀补时，先镜像，然后再进行刀具长度补偿、半径补偿。

镜像功能程序（参见图 2-18）：

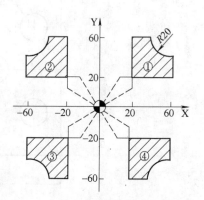

图 2-18　镜像加工

%1　　　　　　　　　　　　　　　主程序

N01　G54　G90　G17　G0　X0　Y0

N02　S600　M03　Z10

N03　M98　P100　　　　　　　　加工①

N04　G24　X0　　　　　　　　　Y 轴镜像

N05　M98　P100　　　　　　　　加工②

N06　G25　X0　　　　　　　　　取消 Y 轴镜像

N07　G24　X0　Y0　　　　　　　以位置点为（0，0）

N08　M98　P10　　　　　　　　　加工③

N09　G25　X0　Y0　　　　　　　取消点（0，0）镜像

N10　G24　Y0　　　　　　　　　以 X 轴镜像

N11　M98　P10　　　　　　　　　加工④

N12　G25　Y0　　　　　　　　　取消 X 轴镜像

N13　M05

N14　M30

%100　　　　　　　　　　　　　子程序

N01　G01　Z-5　F50

N02　G00　G41　X20　Y10　D01

N03　G01　Y60

N04　X40

N05　G03　X60　Y40　R20

N06　Y20

N07　X10

N08　G00　X0　Y0

N09　Z10

N10　M99

2）缩放功能：G50，G51。

格式：G51　X～　Y～　Z～　P～

　　　M98　P～

　　　G50

其中，G51 中的 X、Y、Z 给出缩放中心的坐标值，P 后跟缩放倍数。G51 既可指定平面缩放，也可指定空间缩放。

用 G51 指定缩放开启，G50 指定缩放关闭。在 G51 后，运动指令的坐标值以（X，Y，Z）为缩放中心，按 P 规定的缩放比例进行计算。使用 G51 指令可用一个程序加工出形状相同，尺寸不同的工件。G51、G50 为模态指令，可相互注销，G50 为默认值。

注意：有刀补时，先缩放，然后再进行刀具长度补偿、半径补偿。

旋转变换：G68，G69。

格式：G68　α～　β～　P～

　　　G69

其中，（α，β）是由 G17，G18 或 G19 定义的旋转中心的坐标值，P 为旋转角度，单位是（°），0≤P≤360°

G68 为坐标旋转功能，G69 为取消坐标旋转功能。

注意：在有刀具补偿的情况下，先进行坐标旋转，然后再进行刀具半径补偿、刀具长度补偿。在有缩放功能的情况下，先缩放后旋转。

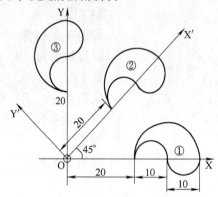

图 2-19　旋转加工

旋转功能程序（参见图 2-19）：

%1									主程序
N10	G90	G17	G54	G0	X0	Y0	S600	M03	
N20	M98	P100							加工①
N30	G68	X0	Y0	P45					旋转 45°
N40	M98	P100							加工②
N50	G69								取消旋转
N60	G68	X0	Y0	P90					旋转 90°
N70	M98	P100							加工③
N80	G69								取消旋转
N90	M05								
N100	M30								
%100									子程序（①的加工程序）
N10	G90	G01	X20	Y0	F100				
N11	G02	X30	Y0	I5					
N12	G03	X40	Y0	I5					
N13		X20	Y0	I－10					
N14	G00	X0	Y0						
N15	M99								

（2）任务实施

1）毛坯尺寸：60mm×60mm×10mm

2）确定加工路线。

①确定工件零点在毛坯的中间，Z 轴零点在工件上表面，通过对刀设定零点偏置 G54。

②以底面为基准，用机用虎钳装夹。

③选择 φ16mm 键槽铣刀粗加工，φ16mm 立铣刀精加工。

（3）参考程序

%0098

N10	G54	G90	G17	G0	X0	Y0	设定工件坐标系、绝对编程、XY 平面、快速定位中心
N20	S600	M03	Z50				主轴正转，刀具移动至工件表面 50mm 处
N30	X10	Y0					定位进刀点
N40	Z5						
N50	G01	Z – 3	F100				进刀
N60	G42	D1	Y10				刀具右补偿，切削至第一点
N70	G02	X20	Y0	R10			
N80	G1	Y – 8					
N90	G03	X8	Y – 20	R12			
N100	G01	X – 8					
N110	G03	X – 20	Y – 8				
N120	G1	Y8					
N130	G03	X – 8	Y20	R12			
N140	G01	X8					
N150	G03	X20	Y8	R12			
N160	G01	Y0					
N170	G02	X10	Y – 10	R10			
N180	G01	Y0	G40				取消半径补偿
N190	G0	Z50					提刀至工件表面 50mm 处
N200	M05						主轴停转
N210	M30						程序结束

（4）加工操作

1）机床回零。

2）找正机用虎钳，保证其与机床 X 轴的平行度。

3）通过垫块组合，保证工件伸出钳口 2mm。

4）安装 φ12mm 立铣刀。

5）用 G54 设置工件零点，X、Y 零点在工件的对称中心，Z 在工件上表面。

6）设定刀具补偿。

7）粗铣削外轮廓。

8）测量工件，计算并修改刀补，精加工至尺寸。

五、设备维护与保养

1）关机之前必须把机床清扫干净。

2）Z 轴移至机床坐标 50mm 处，X、Y 轴移至机床中间位置。

六、实训效果考核

1）编程并加工图 2-20 和图 2-21 所示零件。

2）写出图 2-20 和图 2-21 所示零件的加工工序以及使用的刀具和量具，并写出能够正确加工工件的程序，详细写出操作步骤。记下加工过程中所遇到的问题以及是如何解决这些问题的。

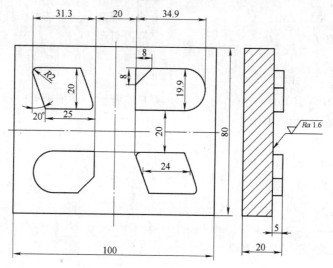

图 2-20　凸台零件

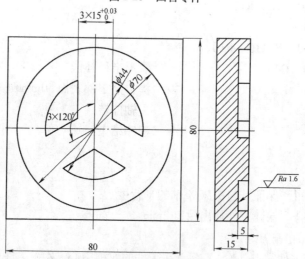

图 2-21　旋转加工零件

课题六　平面内外轮廓铣削加工

一、实训目标及课时

1）加工图 2-22 所示零件轮廓，并保证尺寸精度。零件加工部位由规则对称轮廓、圆槽组成，其几何形状属于平面二维图形，坐标点可以直接求出，不必计算。

2）熟练掌握利用刀具半径补偿控制零件尺寸精度的方法。

3）掌握华中数控系统 HNC-21/22M 调用子程序加工零件的方法。

4）保证轮廓加工尺寸精度的措施。

5）需用课时：4 学时。

二、实训设备、刀具、量具及夹具

设备：XK7132 立式铣床。

刀具：ϕ10mm 立铣刀、ϕ10mm 键槽铣刀。

量具：0～150mm 游标卡尺。

夹具：机用虎钳。

三、安全操作要点

1）在设计进给路线时，要注意内外轮廓铣削的不同，合理安排效率最佳的路线，同时保证进给时不碰撞工件或夹具。

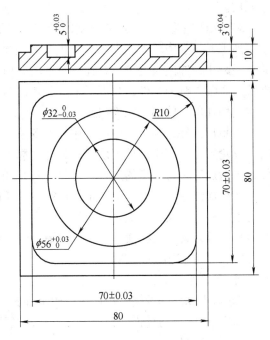

图 2-22　平面内外轮廓零件

2）加工时应选择正确的站位和操作手势，密切注意加工情况，随时准备处理突发情况，并调整进给修调开关和主轴倍率开关，提高工件表面的加工质量。

3）垂直进给时，应避免铣刀直接切削工件；铣削工件时，铣刀尽量沿轮廓切向进给和退刀。

四、实训操作步骤

（1）相关知识

1）子程序。通过以前的课题可知，工件分层粗加工和精加工刀具的轨迹是相同的，为减少编程量，提高加工效率，当相同模式的加工在程序中多次出现时，可把这个模式编成一个程序，该程序称为子程序，原来的程序称为主程序。

子程序的格式：%

　　　　…

　　　M99

在子程序开头，必须规定子程序号，以作为调用入口地址，格式为%加其后的数字（1～9999）。子程序用 M99 结尾，以控制执行完该子程序后返回主程序。

2）调用子程序的格式：M98　P～　L～

M98 表示调用子程序；P 后的数字表示被调用的子程序号；L 表示重复调用的次数，当不指定重复次数时，子程序只调用一次。

在主程序执行期间出现子程序执行指令时，就执行子程序；当子程序执行完毕，数控系统控制返回主程序继续执行主程序。

调用指令可以重复地调用子程序，主程序也可以调用多个子程序，子程序也可以由主程序调用。

3）保证外轮廓加工尺寸精度的措施。在加工外轮廓时，通常采用立铣刀顺铣方式。由于粗加工时切削力较大，刀具会产生让刀现象，使加工的外轮廓尺寸大于要求的尺寸。刀具的直径越小，伸出长度越大，让刀越明显。所以在加工允许的情况下，应尽量应用直径大的立铣刀，装刀时刀具伸出长度不要太长。同时要注意加工时刀具直径不能选择得太大，以免发生过切现象，使加工工件报废。

在粗加工外轮廓时，可以利用让刀现象，将刀具半径补偿值设为刀具直径，粗加工结束后，外轮廓自动产生精加工余量；如外轮廓需分层加工，工件顶面的让刀将少于底部。为使外轮廓精加工时有一定的余量，可设刀具半径补偿值稍大于刀具直径。

在精加工外轮廓时，由于余量也很少，切削时的让刀可忽略不计。如外轮廓没有尺寸公差要求，可将刀具补偿值直接设为刀具直径。如外轮廓有尺寸公差要求，精加工时应根据公差值来设置刀具半径补偿值，一般以最小值来设置。

（2）任务实施

1）制订工艺方案

①用 $\phi10mm$ 的键槽刀粗加工外轮廓和圆槽。

②用 $\phi10mm$ 的键槽刀精加工外轮廓和圆槽，达到精度要求。

2）加工操作

①机床回零。

②找正机用虎钳，保证其与机床 X 轴的平行度。

③通过垫块组合，保证工件伸出钳口 5mm。

④安装 $\phi10mm$ 立铣刀。

⑤用 G54 设置工件零点，X、Y 零点在工件的对称中心，Z 在工件上表面。

⑥设定刀具补偿。

⑦粗铣削外轮廓。

⑧测量工件，计算并修改刀补，精加工至尺寸。

（3）参考程序

%123

G54　G90　G17　G0　X0　Y0　T1	设定工件坐标系、绝对值编程、XY 平面、快速定位中心
M03　S800　Z30	主轴正转，刀具移动至工件表面30mm 处
X－45　Y－35	定位进刀点
Z10	
G01　Z－2.8　F100	进给2.8mm，留0.2mm 精加工
D1　M98　P001	调用001 号子程序粗加工，D1＝5.2mm
X22　Y0	
Z10	
G01　Z－4.8　F100	进给4.8mm，留0.2mm 精加工，D1＝5.2mm
D1　M98　P002	调用002 号子程序精加工

```
G0    Z50
M05
M00
G54   G90   G17   G0   X0   Y0   T2          设定工件坐标系、绝对值编程、XY 平面、快速
                                              定位中心
M03   S800   Z30                             主轴正转，刀具移动至工件表面 30mm 处
X -45   Y -35                                定位进刀点
Z10
G01   Z -3   F100
D2   M98   P001                              调用 001 号子程序精加工，D2 =5.0mm
X22   Y0
Z10
G01   Z -5   F100
D2   M98   P002                              调用 002 号子程序精加工，D2 =5.0mm
G0    Z50
M05
M30
%001                                         001 号子程序
G42   X -25   Y -35
X25
G03   X35   Y -25   R10
G01   Y25
G03   X25   Y35   R10
G01   X -25
G03   X -35   Y25   R10
G01   Y -25
G03   X -25   Y -35   R10
G01   Y -45   G40                            取消刀具补偿
G0    Z10
M99                                          子程序结束
%002                                         002 号子程序
G42   X28   Y0
G02   X28   Y0   I -28   J0
G01   X16   Y0
G03   X16   Y0   I -16   J0
G01   X22   Y0   G40                         取消刀具补偿
G0    Z10
M99                                          子程序结束
```

五、设备维护与保养

1）关机之前必须把机床清扫干净。

2）Z轴移至机床坐标 50mm 处，X、Y 轴移至机床中间位置。

六、实训效果考核

1）编程并加工图 2-23 所示零件。

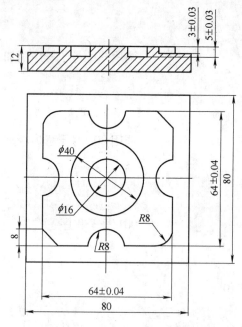

图 2-23　外轮廓与圆弧槽零件

2）写出图 2-23 所示零件的加工工序以及所使用的刀具和量具，并写出能够正确加工工件的程序，详细写出操作步骤。记下加工过程中所遇到的问题以及是如何解决这些问题。

课题七　综合技能训练（一）

一、实训目标及课时

1）加工图 2-24 所示工件轮廓，并保证尺寸精度。要求以轮廓编程方式加工图 2-24 所示图形，工件的加工步骤为：工件装夹→建立工件坐标系→设置刀具半径和长度补偿→编制加工程序→加工工件。

2）掌握加工工艺路线的制订方法。

3）掌握数控加工工艺的特点。

4）需用课时：4 学时。

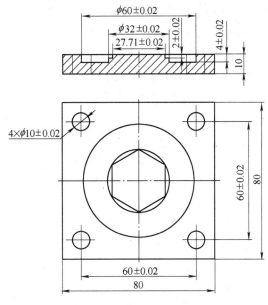

图 2-24　六边形零件

二、实训设备、刀具、量具及夹具

设备：XK7132 立式铣床。

刀具：φ10mm 立铣刀、φ10mm 键槽铣刀、φ3mm 中心钻、φ9.8mm 麻花钻、φ10H7mm 铰刀。

量具：0 ~ 150mm 游标卡尺。

夹具：机用虎钳。

三、安全操作要点

1）加工时应选择正确的站位和操作手势，密切注意加工情况，随时准备处理突发情况，并调整进给修调开关和主轴倍率开关，提高工件表面的加工质量。

2）垂直进给时，应避免铣刀直接切削工件；铣削工件时，铣刀尽量沿轮廓切向进给和退刀。

四、实训操作步骤

（1）相关知识

1）数控加工工艺特点：

①数控加工工艺的内容十分具体。在普通机床上加工零件时，许多具体的工艺问题，如工步的划分、对刀点、进给路线等，在很大程度上都是由操作人员根据自己的经验和习惯自行考虑决定的，一般无需工艺人员在制订工艺规程时进行过多的规定。而在数控加工时，上述这些具体工艺问题，不仅在数控工艺处理时需要仔细考虑，而且还必须正确地选择并编入加工程序中。

②数控加工的工艺处理相当严密。数控加工中心虽然自动化程度高，但不能对加工中出现的问题进行自由的调整。因此，在进行数控加工的工艺处理时，必须认真考虑加工过程中

的每一个细节，以避免在加工过程中出现差错。所以编程人员不仅要有较扎实的数控加工工艺知识和较丰富的工艺设计经验，而且要有认真细致的工作作风。

2）数控加工工艺规程的主要内容。为稳定数控加工的生产秩序，保证加工质量，便于计划和组织生产，充分发挥数控设备的利用率，降低生产成本等，需要制订数控加工工艺规程。工艺规程是一切有关生产人员都应严格执行、认真贯彻的纪律性文件。

不同的生产规模，制订的工艺规程是不同的，通常按单件生产、成批生产和大量生产等类型来制订工艺规程。在制订工艺规程时一定要符合企业的生产条件，要了解企业数控设备的规格、性能技术状况，了解现有刀具、量具、夹具、辅具等工装的规格和精度，了解机床操作人员的技术水平等。

编程人员制订的数控加工工艺规程通常包括以下内容：

①选择并确定进行数控加工的零件和内容。

②对被加工的零件图样进行工艺分析，明确加工内容和技术要求，在此基础上确定零件的加工方案，划分和安排加工工序，确定定位、夹紧方法，选择夹具和刀具，安排热处理、检验及其他辅助工序（如去毛刺、倒角等）。

③选择对刀点和换刀点的位置，确定进给路线，考虑刀具补偿。

④确定各工序的加工余量，计算工序尺寸和公差。

⑤确定切削用量。

⑥确定工时定额。

⑦填写数控加工工艺技术文件。

（2）任务实施

1）制订工艺方案。

①用 ϕ10mm 的键槽铣刀粗加工外轮廓和圆槽。

②用 ϕ10mm 的键槽铣刀精加工外轮廓和圆槽，达到精度要求。

③用 ϕ3mm 中心钻钻中心孔。

④用 ϕ9.8mm 麻花钻扩孔。

⑤ϕ10H7mm 铰刀铰 ϕ10mm 孔。

2）加工操作

①机床回零。

②找正机用虎钳，保证其与机床 X 轴的平行度。

③通过垫块组合，保证工件伸出钳口 5mm。

④安装 ϕ10mm 立铣刀。

⑤用 G54 设置工件零点，X、Y 零点在工件的对称中心，Z 零点在工件上表面。

⑥设定刀具补偿。

⑦粗铣削外轮廓。

⑧测量工件，计算并修改刀补，精加工至尺寸。

（3）参考程序

%1234

G54	G90	G17	G0	X0	Y0	T1

设定工件坐标系、绝对值编程、XY 平面、快速定位中心

M03　S600　Z30				主轴正转，刀具移动至工件表面30mm处
X23　Y0				定位进刀点
Z10				
G01　Z - 3.8　F100				下3.8mm，留0.2mm精加工
D1　M98　P001				调用001号子程序，粗加工，D1 = 5.2mm
G0　Z20				
G01　X23　Y0				
G01　Z - 1.8　F100				下1.8mm，留0.2mm精加工，D1 = 5.2mm
D1　M98　P002				调用002号子程序，粗加工，D1 = 5.2mm
G0　Z30				
M05				
M00				
G54　G90　G17　G0　X0　Y0　T2				设定工件坐标系、绝对值编程、XY平面、快速定位中心
M03　S600　Z30				主轴正转，刀具移动至工件表面30mm处
X - 23　Y0				定位进刀点
Z10				
G01　Z - 4　F100				下4mm
D2　M98　P001				调用001号子程序，精加工，D2 = 5mm
G0　Z20				
G01　X - 23　Y0				
G01　Z - 2　F100				下2mm
D2　M98　P002				调用002号子程序，精加工，D2 = 5mm
G0　Z30				
M05				
M00				
G54　G90　G17　G0　X0　Y0　T3				3号刀钻中心孔
M03　S1000　Z31				
G99　G81　X30　Y30　Z - 3　R5　F80				
X - 30　Y30				
X - 30　Y - 30				
X30　Y - 30				
G00　Z50				
M05				
M00				
G54　G90　G17　G0　X0　Y0　T4				调用4号刀具：ϕ9.8mm麻花钻
M03　S600　Z31				
G99　G83　X30　Y30　Z - 15　R5　Q - 7　K1　F80				
X - 30　Y30				

```
X – 30   Y – 30
X30    Y – 30
G00   Z50
M05
M00
G54   G90   G17   G0   X0   Y0   T5          调用 5 号刀具：φ10H7mm 铰刀
M03   S200   Z31
G99   G81   X30   Y30   Z – 15   R5   F50
X – 30   Y30
X – 30   Y – 30
X30   Y – 30
G00   Z50
M05
M30
%001   子程序
G42   G01   X30   Y0   F100
G02   X30   Y0   I – 30   J0
G01   X16   Y0
G03   X16   Y0   I – 16   J0
G01   G40   X23   Y0
G00   Z5
M99
%002   子程序
G42   G01   X13.855   Y0
Y8
X0   Y16
X – 13.855   Y8
Y – 8
X0   Y – 16
X13.855   Y – 8
Y0
X23   G40
G00   Z5
M99
```

五、设备维护与保养

1）关机之前必须把机床清扫干净。

2）Z 轴移至机床坐标 50mm 处，X、Y 轴移至机床中间位置。

六、实训效果考核

1）编程加工图 2-25 所示零件。

2）写出图 2-25 所示零件的加工工序以及所使用的刀具和量具。并写出能够正确加工工件的程序，详细写出操作步骤。记下加工过程中所遇到的问题以及是如何解决这些问题的。

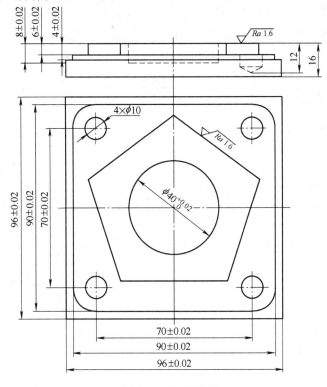

图 2-25　五边形零件

课题八　综合技能训练（二）

一、实训目标及课时

1）加工图 2-26 所示零件轮廓，并保证尺寸精度。要求以轮廓编程方式加工图 2-26 所示图形，工件的加工步骤为：工件→建立工件坐标系→设置刀具半径和长度补偿→编制加工程序→加工工件。

2）掌握零件尺寸的精度控制方法。

3）掌握综合类零件的程序编制方法。

4）需用课时：4 学时。

二、实训设备、刀具、量具及夹具

设备：XK7132 立式铣床。

刀具：ϕ10mm 立铣刀、ϕ10mm 键槽铣刀、ϕ3mm 中心钻、ϕ9.8mm 麻花钻、ϕ10H7mm

铰刀。

　　量具：0～150mm 游标卡尺。

　　夹具：机用虎钳。

三、安全操作要点

　　1）加工时应选择正确的站位和操作手势，密切注意加工情况，随时准备处理突发情况，并调整进给修调开关和主轴倍率开关，提高工件表面加工质量。

　　2）垂直进给时，应避免铣刀直接切削工件；铣削工件时，铣刀尽量沿轮廓切向进给和退刀。

四、实训操作步骤

　　（1）相关知识

　　1）加工方法的选择。加工方法通常根据经验或查表来确定，在选择加工方法时应考虑工件的材料、形状和尺寸、生产批量等条件。

　　2）加工阶段的划分。粗加工阶段→半精加工阶段→精加工阶段→光整加工阶段。

　　3）加工顺序的安排。先粗后精→先主后次→先基准后其他→先面后孔→工序集中。

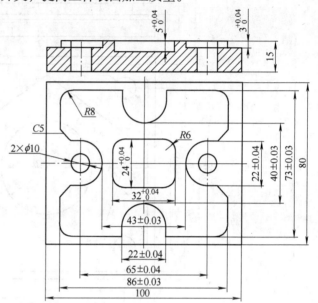

图 2-26　平面轮廓零件

　　（2）任务实施

　　1）制订工艺方案

　　①用 φ10mm 的键槽铣刀粗加工外轮廓和凹槽。

　　②用 φ10mm 的键槽铣刀精加工外轮廓和凹槽，达到精度要求。

　　③用 φ3mm 中心钻钻中心孔。

　　④用 φ9.8mm 麻花钻扩孔。

　　⑤用 φ10H7mm 铰刀铰 φ10mm 孔。

　　2）加工操作

　　①机床回零。

　　②找正机用虎钳，保证其与机床 X 轴的平行度。

　　③通过垫块组合，保证工件伸出钳口 5mm。

　　④安装 φ10mm 立铣刀。

　　⑤用 G54 设置工件零点，X、Y 零点在工件的对称中心，Z 零点在工件上表面。

　　⑥设定刀具补偿。

　　⑦粗铣削外轮廓。

　　⑧测量工件，计算并修改刀补，精加工至尺寸。

（3）参考程序

%1234 主程序

G54 G90 G17 G0 X0 Y0

M03 S600 Z50

X－55 Y－35.5

Z10

G01 Z－2.8 F100

D1 M98 P001

G0 Z20

G01 X0 Y0

G01 Z－4.8 F100

D1 M98 P002

G0 Z30

M05

M00

G54 G90 G17 G0 X0 Y0

M03 S800 Z50

X－55 Y－35.5

Z10

G01 Z－3 F100

D2 M98 P001

G0 Z20

G01 X0 Y0

G01 Z－5 F100

D2 M98 P002

G0 Z30

M05

M00

G54 G90 G17 G0 X0 Y0 T3

M03 S1000 Z31

G99 G81 X24 Y0 Z－3 R5 F100

X－24 Y0

G00 Z50

M05

M00

G54 G90 G17 G0 X0 Y0 T4

M03 S600 Z31

G99 G83 X24 Y0 Z－15 R5 Q－7 K1 F100

X－24 Y0

G00   Z50

M05

M00

G54   G90   G17   G0   X0   Y0   T5

M03   S200   Z31

G99   G81   X24   Y0   Z – 15   R5   F100

X – 24   Y0

G00   Z50

M05

M30

%001   加工外轮廓子程序（略）

%002   加工内槽子程序（略）

五、设备维护与保养

1）关机之前必须把机床清扫干净。

2）Z轴移至机床坐标50mm处，X、Y轴移至机床中间位置。

六、实训效果考核

1）编程加工图2-27所示零件。

2）写出图2-27所示零件的加工工序以及所使用的刀具和量具，并写出能够正确加工工件的程序，详细写出操作步骤。记下加工过程中所遇到的问题以及是如何解决这些问题的。

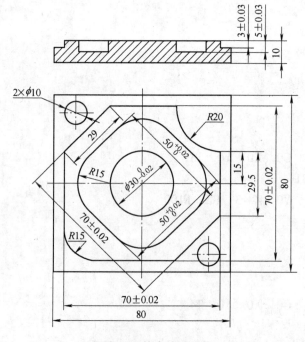

图2-27   综合练习零件

课题一　机床的基本操作

一、实训目标及课时

1）熟悉系统控制面板和机床操作面板。

2）掌握各控制键的功能和使用方法。

3）理解 CRT 数显画面上的参数含义。

4）需用课时：6 学时。

二、实训设备

设备：立式铣床（系统：西门子 SINUMERIK 802S），如图 3-1 所示。

三、安全操作要点

1）严禁两人或多人同时操作一台机床。

2）主轴正转与反转不能直接切换，中间须有停转过程。

3）主轴紧刀时，刀柄凸起与主轴凹槽需配合安装；松刀时，应先抓稳刀具，再按松刀键，手要托住刀具，千万不能强行拔出。

图 3-1　立式数控铣床

四、实训操作步骤

（1）任务描述

1）开机。

2）返回参考点。手动把工作台移动至丝杠中央位置，即主轴正对工作台中心。

3）手动正反转主轴，进行主轴参数设定。

4）增量功能的运用。

5）新程序的建立。程序的输入、修改、关闭、调用、选择、删除。

6）模拟运行程序。

7）装刀、对刀、卸刀。

8）关机。

（2）任务分析　灵活地掌握西门子 802S 系统的基本操作步骤，对此系统的操作特点进行了解，感性地认识此系统的构成框架。西门子系统的基本操作与其他系统有着较大区别，不要混淆操作步骤，如：主轴转速的设定，西门子系统有固定存储地址，而 FANUC 系统却没有。

（3）相关知识

1）操作面板及按键介绍。机床操作面板如图 3-2 所示；NC 键盘区按键解释见表 3-1；机床控制面板区域按键解释见表 3-2。

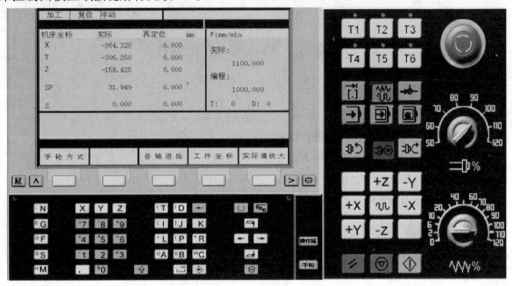

图 3-2　机床操作面板

表 3-1　NC 键盘区按键解释

按键	按键解释	按键	按键解释
	菜单软键		菜单扩展键
	选择/转换键		光标向下键 上档:向下翻页键
	加工显示键		区域转换键
	回车/输入键		光标向右键
	返回键		光标向上键 上档:向上翻页键
	上档键	INS	空格键(插入键)

（续）

按键	按键解释	按键	按键解释
	光标向左键		数字键
	字符键		垂直菜单键
	删除键		报警应答键
	回车/输入键		

表 3-2　机床控制面板区域按键解释

按键	按键解释	按键	按键解释
	复位	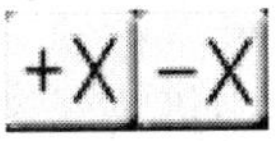 +X −X	X轴点动
	主轴正转		参考点
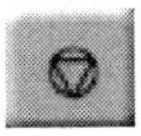	数控停止	 +Y −Y	Y轴点动
	主轴反转		自动方式
	数控启动	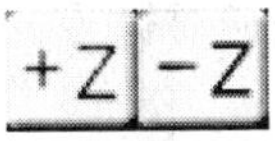 +Z −Z	Z轴点动
	主轴停		手动
	增量选择		单段运行
	快速运行叠加		进给轴倍率修调
	点动		主轴倍率修调

2）屏幕显示区如图3-3所示。

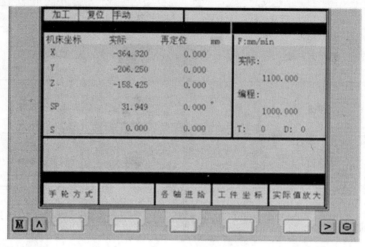

图3-3　屏幕显示区

显示屏正下方的白色空白按键为菜单软键，按下软键，可以进入软键上方对应的菜单。

有些菜单下有多级子菜单，当进入子菜单后，可以通过单击"返回"软键，返回上一级菜单。

按键功能：

①自动方式键：按此键切换到自动方式，按照程序代码全自动进行程序运行。

②单段方式键：自动方式下复位后，可按此键设定单段方式，程序按单段运行。

③MDA方式键：在此方式下手动编写程序，然后自动执行。

④主轴键

主轴正转键：按此键，主轴顺时针方向旋转。

主轴停键：按此键主轴停止转动。

主轴反转键：按此键，主轴逆时针方向旋转。

⑤点动键

+X轴点动正向键：在手动方式下按此键，X轴在正方向点动。

-X轴点动负向键：在手动方式下按此键，X轴在负方向点动。

+Y轴点动正向键：在手动方式下按此键，Y轴在正方向点动。

-Y轴点动负向键：在手动方式下按此键，Y轴在负方向点动。

+Z轴点动正向键：在手动方式下按此键，Z轴在正方向点动。

-Z轴点动负向键：在手动方式下按此键，Z轴在负方向点动。

快速运行叠加键：在手动方式下，同时按此键和一个坐标点动键，坐标轴按快速进给速度移动。

⑥倍率键

进给轴倍率旋钮：主轴进给移动时，倍率最大可达到120%，实际进给速度等于设置进给值乘以当前倍率。

主轴倍率旋钮：主轴旋转时，倍率最大可达到120%，实际转速等于设置转速值乘以当前倍率。

⑦启动/停止键

复位键：按此键，系统复位，当前程序中断执行，所有动作停止。

数控停止键：按此键，当前执行的程序暂时中断执行，系统暂停运行。

数控启动键：按此键，系统开始执行程序，进行加工。

T1～T6用户自定义键（带 LED）：用户可以编写 PLC 程序进行键的定义。

用户定义键（不带 LED）。

⑧运行方式键

增量选择键：在 JOG 方式（手动运行方式）下，按此键可以进行增量方式的选择，范围为：×1，×10，×100，×1000。注：如选择了×1，所选择的增量值都会乘以 0.001，则每按一次的移动量为 0.001mm；如选择了×10，则每按一次移动量为 0.01mm。

点动方式键：按此键切换到手动方式。

参考点方式键：在此方式下运行回参考点。

加工显示键：按此键后，屏幕立即回到加工显示的画面，在此可以见到当前各轴的加工状态。

返回键：返回到上一级菜单。

菜单软键：在不同的屏幕状态下，操作对应的软键，可以调用相应的画面。

删除/退格键：在程序编辑画面时，按此键删除（退格）消除前一字符。

报警应答键：报警出现时，按此键可以消除报警（取决于报警级别）。

选择/转换键：在设定参数时，按此键可以选择或转换参数。

光标向上键/上档：向上翻页键。

菜单扩展键：进入同一级的其他菜单画面。

区域转换键：不管目前处于何画面，按此键后都可以立即回到主画面。

垂直菜单键：在某些特殊画面，按此键可以垂直显示可选项。

光标向右键：向右移动光标。

光标向下键/上档：向下翻页键。

回车/输入键：按此键确认所输入的参数或者换行。

空格键：在编辑程序时，按此键插入空格。

光标向左键：向左移动光标。

字符键：用于字符输入，上档键可转换对应字符。

上档键：按数字键或者字符键，同时按此键可以使数字/字符的左上角字符生效。

数字键：用于数字输入。

（4）任务实施　机床操作步骤如下：

1）开机。合上断路器→右旋机床钥匙→合上机床断路器，待显示器显示稳定后→右旋红色按钮（急停开关），根据 CRT 右上角提示，按复位键→按强电启动键→按报警应答键→开机完毕。开机操作过程如图 3-4 所示。

2）回零。机床正常启动并开机结束后，显示器自动显示回零画面（注：回零只能在手动 REF 状态下进行，每次机床通电后必须回零，激活机床坐标系）。如不是回零画面，则按面板上回零键，分别按住 + Z、 + X、 + Y 轴不要松手，使坐标画面显示 X：0.000Y：

0.000Z：0.000，表示 X、Y、Z 轴均已回到零位（机床原点），再按 - X、- Y 使主轴轴心正对工作台的中心位置，按 - Z 到坐标值显示 - 100.000 左右，即回零完毕（图3-5 所示为到参考点位置图）。

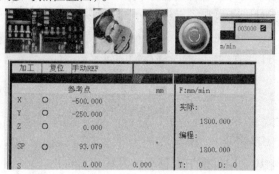

图3-4　开机操作过程　　　　　　　　　　图3-5　到参考点位置

3）设定主轴转数。有 MDA 方式和手动方式。

"MDA"方式：先按到"MDA"状态，然后输入程序，如：M3 S600；按"回车"键，按数控启动键运行主轴（见图3-6）。

"手动"方式：按区域转换→参数→设定数据→JOG 数据→光标下移至主轴转速数据输入区→根据需要设定转速，如 600r/min；按"回车"键（见图3-7）→再按"手动"键→正反停转（注：正反转切换过程中需先停转）。

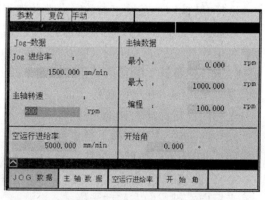

图3-6　MDA 方式主轴转速设定　　　　　图3-7　手动方式转速设定过程

4）编辑程序。输入新程序步骤（见图3-8）：按区域转换键→按"程序"软键→按菜单扩展键→按新程序→输入程序名（如：L123 或 ABC678，注：程序名开头必须是字母，最多不超过 8 位数）→按"确认"软键，自动进入输入程序画面→把所需程序逐步输入→按菜单扩展键，系统出现"关闭"软键→按"关闭"软键后，所输入的程序自行存储到数控装置内。

程序修改步骤：按区域转换键→按"程序"软键→将光标移至所需修改的程序名上→按"打开"软键→将光标移至要修改字符的后面，用"删除"键删除错误的字符，输入正确的字符即可（见图3-9，将 G00 修改为 G01，把光标移至 X 字符上）。

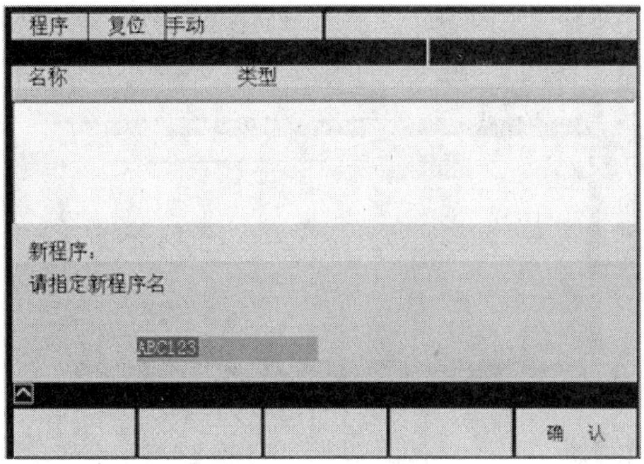

图 3-8　建立新程序画面

图 3-9　程序修改画面

　　程序删除（见图 3-10）：按区域转换键→按"程序"软键→将光标移至要删除的程序名上→按"扩展"键→按"删除"软键→按"确认"软键，即此程序被删除。

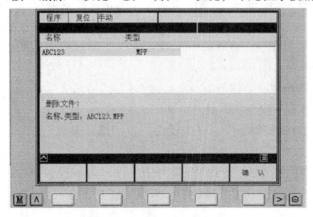

图 3-10　程序删除画面

　　调用需加工的程序步骤（见图3-11）：按区域转换键→按"程序"软键→将光标移至所需加工的程序名上，按"选择"键即可（此时右上角会显示所选程序名）。

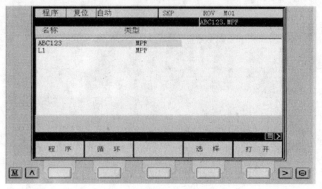

图3-11　调用需加工的程序

　　5）装刀：按手动"JOG"键，按装刀键，将刀柄凸起对准主轴凹槽，向上顶住→再按装刀键，装刀完毕。检查刀具是否装好，在手动状态下，按主轴正转，如果刀具在旋转过程中没有晃动说明刀具已装好。

　　6）对刀：对刀的目的是为了寻找工件原点，确定工件坐标系（当刀具数量在两把以上时，精确找出每把刀具的长度值，进行长度补偿）。首先将工件装夹好，然后找正、夹紧。

　　常用夹具有机用虎钳、自定心卡盘、压板等，配合等高块使用；找正的方式主要是百分表找正（俗称打表）。找正大致分三个阶段，即初步找正定位、夹紧过程找正和夹紧后找正。

　　对Z轴进行对刀的步骤：在手动状态下，把刀具移至工件上方，靠近工件，再到增量状态下按"-Z"键，慢慢下刀（离工件越近增量必须越小，最小单位是0.001mm），在刀具与工件表面之间放一把塞尺，并且在刀具快碰到工件的情况下不停地来回抽动塞尺，刀具刚好碰到塞尺时（抽动塞尺时要感觉压紧了，又能抽动），记下Z轴的坐标值并加上塞尺的厚度。

　　对X轴进行对刀的步骤：如刀具直径为10mm的铣刀，快速将刀具移至工件的X向重要基准面，利用增量碰X面，同样也要用到塞尺，当正好碰到塞尺寸（抽动塞尺时要感觉压紧了，又能抽动），记下X轴坐标值并加上X轴零点至对刀面的距离和刀具半径5mm与塞尺的厚度（如：X坐标值为-336.100，+X轴零点至对刀面的距离20mm+刀具半径5mm+塞尺厚度1mm=-310.100mm）。

　　对Y轴进行对刀的步骤：方法与对X轴进行对刀的方法大致相同，只是所碰的边是Y向重要基准面，最后要记下坐标值并计算。

　　7）刀具半径补偿设置步骤：按"区域转换"键→按"参数"软键→按刀具补偿，光标移至半径补偿地址，输入刀具半径→按"回车"键即可。

　　8）调用程序加工零件：装夹好工件，装好刀具，对刀，把对刀后计算出的坐标值根据编程所用的坐标系地址输入到相应的地址中，并输入需用的半径补偿参数，进行反复检查，输完程序并检查无误后，按"加工显示"键，将主轴进给倍率调至最低，且进给倍率也相应地调小至1%左右，按"自动"键，按"数控启动"键→机床开始按所编制的程序运动。

待机床运行正常后，将主轴和进给倍率都调至适当位置，直至加工结束（整个机床操作加工过程，需根据操作人员的实际操作经验以及对所加工零件的了解，进行相应的参数调节）。

9）处理报警信息步骤：如加工途中报警，首先按"复位"键，使机床停止一切动作，然后按手动键将 Z 轴提高 100.000mm 左右；按"区域转换"键→按"诊断"软键→CRT 画面将显示报警号以及注解，先分析报警原因，如看不懂报警号可翻阅相关书籍，待查出结果后，再根据报警原因把问题解除即可。

10）关机：与开机步骤正好相反。

五、设备维护与保养

1）关机之前必须把机床清扫干净。
2）在操作时或关机前需将工作台移动至中心正对主轴的位置。
3）工作台面需上油再关机。

六、实训效果考核

1）考核每位同学对基本操作的熟练度，要求在规定时间内完成指定项目。
2）对操作行为习惯的规范性进行考核。
3）要求每位同学能正确回答出老师任意所指按键的功能及含义。

课题二　平面轮廓加工

一、实训目标及课时

1）学习并掌握 G500/G53/G54/G55 ~ G57，G70/G71，G94/G95，G90/G91，G00/G01，G40/G41/G42，G74/G75 等指令的编程及使用方法。
2）了解刀具半径补偿的原理及功能，掌握其使用方法。
3）掌握外轮廓铣削时，进、退刀点的选择方法。
4）需用课时：10 学时。

二、实训设备、刀具、量具、夹具与材料

设备：XK714B（西门子 802S 系统）立式铣床。
刀具：ϕ10mm 三刃高速钢立铣刀。
量具：0 ~ 150mm 游标卡尺。
夹具：机用虎钳，等高块一副。
材料：工程塑料。

三、安全操作要点

1）工件装夹一定要牢固，且工件下表面要贴合等高块表面。但是考虑到加工材料是塑料，注意夹紧力不能太大，防止变形严重。

2）对刀时，对刀塞尺要不断抽动，松紧程度要适中。

3）严禁两人以上人员同时操作机床。

4）要反复检验对刀数据和半径补偿值是否输入正确。

5）检查所使用工件坐标系中的 Z 轴数据不能与长度补偿值重复，只能是二选一。

四、实训操作步骤

（1）任务描述　加工图 3-12 所示简单平面轮廓。

（2）任务分析　本课题的任务是对简单的二维凸台零件进行编程及学习相关知识，并根据所编制的程序进行机床的操作加工。

（3）相关知识

1）G54 ~ G57，G500，G53：工件装夹——可设定的零点偏置。

功能：可设定的零点偏置给出了工件零点在机床坐标系中的位置（工件零点以机床零点为基准移）。当工件装夹到机床上后求出偏移量，并通过操作面板输入到规定的数据区。程序可以选择相应的 G 功能 G54 ~ G57 激活此值（见图 3-13）。

说明：

G54：第一可设定零点偏置。

G55：第二可设定零点偏置。

G56：第三可设定零点偏置。

G57：第四可设定零点偏置。

G500：取消可设定零点偏置。

G53：按程序段方式取消可设定零点偏置。

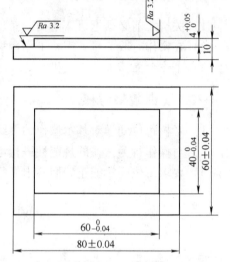

图 3-12　简单平面轮廓

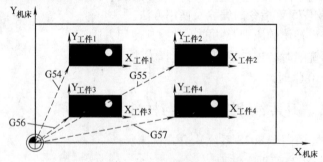

图 3-13　同时多个可设定的零点偏置图

编程举例：

N10	G54…	调用第一可设定零点偏置
N20	L47	加工工件 1，此处作为 L47 调用
N30	G55…	调用第二可设定零点偏置
N40	L47	加工工件 2，此处作为 L47 调用

N50	G54…		调用第三可设定零点偏置
N60	L47		加工工件3，此处作为 L47 调用
N70	G54…		调用第四可设定零点偏置
N80	L47		加工工件4，此处作为 L47 调用
N90	G500	G0　X…	取消可设定零点偏置

子程序的调用，参见"子程序"

2）G71/G70：米制尺寸/英制尺寸

功能：工件所标注尺寸的尺寸系统可能不同于系统设定的尺寸系统（英制或米制），但这些尺寸可以直接输入到程序中，系统会完成尺寸的转换工作。

G70：英制尺寸。

G71：米制尺寸。

编程举例：

N10	G70	X10	Z30	；英制尺寸
N20		X40	Z50	；G70 继续有效
…				
N80	G71	X19	Z17.3	；开始米制尺寸
…				

说明：系统根据所设定的状态把所有的几何值转换为米制尺寸或英制尺寸（这里刀具补偿值和可设定零点偏置值也作为几何尺寸）。同样，进给率 F 的单位分别为 mm/min 或 in/min。基本状态可以通过机床数据设定。本说明中所给出的示例均以基本状态为米制尺寸作为前提条件。

用 G70 或 G71 对所有与工件直接相关的几何数据进行编程，例如：

①在 G0，G1，G2，G3，G33 功能下的位置数据 X，Z。

②插补参数 I，K（也包括螺距）。

③圆弧半径 CR。

④可编程的零点偏置（G158）。

所有其他与工件没有直接关系的几何数值，如进给率、刀具补偿、可设定的零点偏置等，它们与 G70/G71 的编程无关。

3）G94/95：进给率。

功能：指令 G94/G95 分别以不同的单位定义了进给率。

输入形式：G94　F…；单位：mm/min

　　　　　G95　F…；单位：mm/r

注释：F 是所希望的进给率。

4）G90/G91：绝对/增量位置数据。

功能：G90 和 G91 指令分别对应着绝对位置数据输入和增量位置数据输入。其中 G90 表示坐标系中目标点的坐标尺寸，G91 表示待运行的位移量。G90/G91 适用于所有坐标轴。

这两个指令不决定到终点位置的轨迹，轨迹由 G 功能组中的其他 G 功能指令决定（G0，G1，G2，G3…）。

G90：绝对尺寸。

G91：增量尺寸。

绝对位置数输入 G90：在绝对位置数据输入中，尺寸取决于当前坐标系（工件坐标系或机床坐标系）的零点位置。零点偏置有以下几种情况：①可编程零点偏置，可设定零点偏置或者没有零点偏置。②程序启动后 G90 适用于所有坐标轴，并且一直有效，直到在后面的程序段中由 G91（增量位置数据输入）替代为止（模态有效）。

增量位置数据输入 G91：在增量位置数据输入中，尺寸表示待运行的轴位移。移动的方向由符号决定。G91 适用于所有坐标轴，并且可以在后面的程序段中由 G90（绝对位置数据输入）替换。

P0：初始点尺寸。

P1：目标点尺寸。

编程举例：G90

G01　X140　Z – 90　　；目标点绝对尺寸

或者：

G91

G01　X40　Z – 60　　；目标点增量尺寸

5）G0：快速线性移动（见图 3-14）。

功能：轴快速移动。G0 用于快速定位刀具，没有对工件进行加工。可以在几个轴上同时执行快速移动，由此产生一线性轨迹。机床数据中规定了每个坐标轴快速移动速度的最大值，一个坐标轴运行时就以此速度快速移动。如果快速移动同时在两个轴上执行，则移动速度为两个轴可能的最大速度。用 G0 快速移动时，在地址 F 编程的进给率无效。G0 一直有效，直到被 G 功能组中其他的指令（G1、G2、G3…）取代为止。

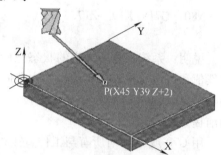

图 3-14　快速定位

说明：目标点的位置坐标（X，Y，Z）可以有绝对位置 G90 和增量位置 G91 两种功能选用。

输入形式：G0　X…　Y…　Z…

编程举例：

绝对位置数据输入：

N020　G0　X10　Y15　Z100

N030　G90

N040　G0　X45　Y39　Z2

增量位置数据输入：

N020　G0　X10　Y15　Z100

N030　G91

N040　G0　X35　Y24　Z – 98

6）G1：带进给率的线性插补（见图 3-15）。

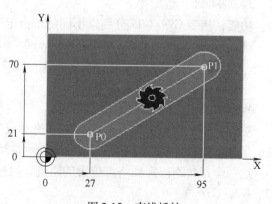

图 3-15　直线插补

功能：刀具以直线从起始点移动到目标点，以地址 F 下编程的进给速度运行。所有的坐标轴可同时运行。

说明：G1 功能一经使用一直有效，直到被 G 功能组中其他的指令（G0、G2…）取代。

输入形式：G01　X…　Y…　Z…　F

编程举例：

P0：刀具初始尺寸。

P1：刀具目标尺寸。

N40　G0　G90　X27　Y21　Z + 2　S500　M3　；刀具快速移动到 P0，主轴转速为
　　　　　　　　　　　　　　　　　　　　　　　 500r/min，顺时针方向旋转

N50　G1　Z – 12　F100　　　　　　　　　　 ；进给到 Z – 12，进给率 100mm/min

N60　X95　Y70　Z – 10　　　　　　　　　　 ；刀具以直线运行到 P1

7）G41，G42：刀具半径补偿（见图 6-16）。

功能：刀具必须有相应的刀补号才能有效。刀具半径补偿通过 G41/G42 生效。控制器自动计算出当前刀具运行所产生的、与编程轮廓等距离的刀具轨迹。

系统在所选择的平面 G17～G19 中以刀具半径补偿的方式进行加工。

输入形式：G41　X…　Y…　　　 在工件轮廓左边刀补有效
　　　　　　G42　X…　Y…　　　 在工件轮廓右边刀补有效

说明：只有在线性插补时（G0、G1）才可以进行 G41/G42 的选择。对两个坐标轴进行编程（比如 G17 中：X，Y），如果你只给出一个坐标轴的尺寸，则第二个坐标轴自动地以最后编程的尺寸赋值。

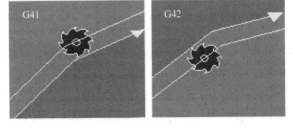

图 3-16　刀具半径补偿

进行补偿：刀具以直线回到轮廓起始点并与轨迹切向垂直。正确选择起始点，保证刀具运行不发生碰撞（见图 3-17）。

说明：通常情况下，在 G41/G42 程序段之后紧接着工件轮廓的第一个程序段。但轮廓描述可以由其中没有位移参数（注：指在所选择的平面中）的程序段中断，比如只有 M 指令或进给运动的程序段。

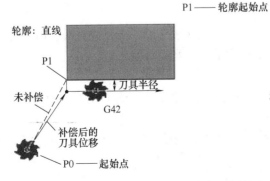

图 3-17　刀具半径补偿原理

刀具开始进行半径补偿 G42

编程举例：

N10	T…		
N20	G17	D2 F300	；第二个刀补号，进给率 300mm/min
N25	X…	Y…	；0 起始点
N30	G1	G42 X… Y…	；选择工件轮廓右边补偿，在选择了刀具半径补偿之后也可以执行刀具移动或者 M 指令
…			
N20	G1	G41 X… Y…	；选择工件轮廓左边补偿
N21	Z…		；进给
N22	X…	Y…	；起始轮廓，圆弧或直线

8）G40：取消刀具半径补偿（见图 3-18）。

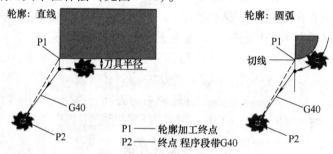

图 3-18　取消刀具半径补偿

功能：用 G40 取消刀具半径补偿，此状态也是编程开始时所处的状态。G40 之前的程序段刀具以正常方式结束（结束时补偿矢量垂直于轨迹终点处切线），与起始角无关。在运行 G40 程序段之后，刀具到达编程终点。在选择 G40 程序段编程终点时要始终确保不会发生碰撞。

输入形式：G40　X…　Y…；取消刀具半径补偿

说明：只有在线性插补（G0，G1）情况下才可以取消补偿运行。对两个坐标轴进行编程（比如 G17 中：X，Y），如果只给出一个坐标轴的尺寸，则第二个坐标轴自动以在此之前最后编程的尺寸赋值。

编程举例：

N100	X… Y…	；最后程序段轮廓，圆弧或直线，P1
N110	G40 G1 X… Y…	；取消刀具半径补偿，P2

9）G74：回参考点。

功能：用 G74 指令实现 NC 程序中回参考点功能，每个轴的方向和速度存储在机床数据中。

在 G74 之后的程序段中，原"插补方式"组中的 G 指令（G0，G1，G2，…）将再次生效。

编程举例：

N10　G74　X0　Y0　Z0

10）G75：返回固定点。

功能：用 G75 可以返回到机床中某个固定点，比如换刀点。固定点位置固定地存储在机床数据中，它不会产生偏移。每个轴的返回速度就是其快速移动速度。G75 需要一独立程序段，并按程序段方式有效。在 G75 之后的程序段中，原"插补方式"中的 G 指令（G0，G1，G2，…）将再次生效。

编程举例：

N10　G75　X0　Y0　Z0

（4）任务实施

1）定义毛坯尺寸：80mm×60mm×10mm。

2）确定工艺路线

①选择工件原点，确定工件原点为毛坯上表面中心，通过对刀设定工件原点 G54。

②以工件底面为定位基准，将其放置在等高块表面上，用机用虎钳装夹（事先应该找正机用虎钳）。

③沿加工轮廓的切向切入/切出，进/退刀点设置在工件外。

④使用右刀补对工件进行加工。

⑤轨迹路线（如图 3-19 所示），图中刀具剖视图是进刀位置，也是进/退刀点；箭头方向是刀补的建立，外圈线是轨迹线，内圈线是加工轮廓线。

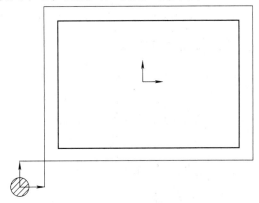

图 3-19　轨迹图

3）编写加工程序

AB1	程序名
N10　G54　G90　G17　G0　X0　Y0　T1	设定工件坐标系、绝对编程、XY 加工平面、快速定位中心、调用 1 号刀具参数
N20　S600　M03　Z50	主轴正转、刀具移动到 Z0 上方 50mm 处
N30　X-46　Y-32	将刀具移至进刀点
N40　G1　Z5　F1000	快速且可调刀具至安全进刀高度
N50　G01　Z-5　F100	慢速进刀至加工深度
N60　G42　D1　Y-20　F200	在切入延长线程序段建立刀具右补偿
N70　X30	轮廓加工
N80　Y20	
N90　X-30	
N100　Y-40	直接沿延长线切除至工件外
N110　X-46　Y-32　G40	将刀具移至退刀点并取消刀具半径补偿
N120　G0　Z50	将刀具快速移至工件上方 50mm 处
N130　M05	主轴停转
N140　M2	程序结束

4）加工操作

①机床回参考点。

②找正机用虎钳各位置度参数，保证其护口板与机床 X 轴的平行度，找正机用虎钳支撑面、等高面。

③放置等高块，保证工件伸出钳口表面 5mm 左右，且使工件表面等高。

④安装 φ10 立铣刀至主轴。

⑤用铣刀直接对刀，将对刀值输入 G54 地址，设置工件原点，X、Y 轴零点偏置在工件的对称中心，Z 轴零点设置在工件上表面。

⑥在指定地址设定刀具半径补偿值。

⑦输入程序，并反复检查。检查无误后，自动粗加工外轮廓。

⑧加工完毕后，测量工件，如数据与理想状态相符，计算并修改刀具补偿值，精加工至尺寸。

⑨精加工完毕后，检测工件。如合格，拆卸工件、修毛刺。

五、设备维护与保养

1）关机之前必须把机床清扫干净。

2）在操作时或关机前需将工作台移动至中心正对主轴的位置。

3）主轴上的刀具需在关机前卸下，并关闭气阀。

4）工作台面需上油再关机。

六、实训效果考核

1）根据所学相关知识，检查每位学生对所学指令含义的掌握程度。

2）控制每位学生参加加工考核的时间，最后检验每位学生所加工零件的尺寸精度及表面粗糙度，并打分。

课题三　圆弧铣削加工

一、实训目标及课时

1）掌握 G17、G18、G19、G2、G3、G5 指令的选择、编程方式。

2）熟练掌握各类二维圆弧的加工程序编写及实际加工应用。

3）掌握沿圆弧切向切入/切出的编程及进给方式。

4）需用课时：6 学时。

二、实训设备、刀具、量具、夹具与材料

设备：XK714B（西门子 802S 系统）立式铣床。

刀具：φ10mm 键槽铣刀、三刃高速钢立铣刀。

量具：0～150mm 游标卡尺。

夹具：机用虎钳，等高块一副。

材料：工程塑料。

三、安全操作要点

1）工件装夹一定要牢固，且工件下表面要贴合等高块表面。考虑到加工材料是塑料，注意夹紧力不能太大，以防止其变形。

2）对刀时，对刀塞尺要不断抽动，松紧程度要适中。

3）严禁两个以上人员同时操作机床。

4）要反复检验对刀数据以及半径补偿值是否输入正确。

5）检查所使用的工件坐标系中的 Z 轴数据不能与长度补偿值重复，只能是二选一。

6）轴向进给时，由于加工件的材质为塑料，熔点较低，故转速不宜过高。

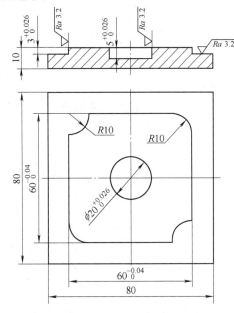

四、实训操作步骤

（1）任务描述　加工如图 3-20 所示零件轮廓，保证尺寸精度。

（2）任务分析　此零件加工需要着重考虑的是如何进退刀，假想圆弧延长线如何设定比较合理。

（3）相关知识

1）G17、G18、G19 平面选择。

图 3-20　简单圆弧轮廓加工图

功能：

在计算刀具长度补偿和刀具半径补偿时必须首先确定一个平面，即确定一个两坐标轴的平面，在此平面中可以进行刀具半径补偿。另外根据不同的刀具类型（如铣刀、钻头、车刀，……）进行相应的刀具长度补偿。

对于钻头和铣刀，长度补偿的坐标轴为所选平面的垂直坐标轴。同样，所选平面的不同也影响圆弧插补时对圆弧方向的定义：顺时针和逆时针。在圆弧插补的平面中规定横坐标和纵坐标，由此也就确定了顺时针和逆时针的旋转方向。也可以在非当前平面 G17 和 G19 的平面中运行圆弧插补。

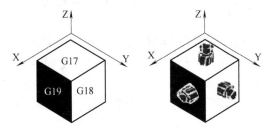

图 3-21　加工平面示意

当采用立式铣床加工半圆柱面时，必须根据圆柱轴心线是平行于 X 轴还是 Y 轴，进行 G18/G19 的选择。

加工平面可以有下面几种，如图 3-21 及表 3-3 所示。

编程举例：

```
N10  G17  T…  D…  M…        ；选择 X/Y 平面
N20  …    X…  Y…  Z…        ；Z 轴方向上刀具长度补偿
N30  G18  T…  D…            ；选择 Z/X 平面
```

表 3-3　加工平面的构成及轴空间形式表

G 功能	平面(横坐标/纵坐标)	垂直坐标轴(在钻削/铣削时的长度补偿轴)
G17	X/Y	Z
G18	Z/X	Y
G19	Y/Z	X

N40…　Z…　X…　Y…　　　　　　　　　　　;Y 轴作为加工深度

2) G2、G3 圆弧插补。

功能:

刀具以圆弧轨迹从起始点移动到终点,方向由 G 指令确定:G2——顺时针方向;G3——逆时针方向(见图 3-22)。

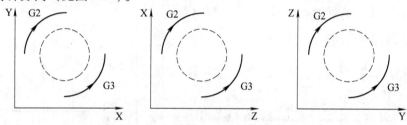

图 3-22　在三个平面上 G2/G3 方向规定

在地址 F 下编程的进给率决定圆弧插补速度。圆弧可以按下述不同的方式表示:

①圆心坐标和终点坐标。

②半径和终点坐标。

③圆心和张角。

④张角和终点坐标。

G2 和 G3 一直有效,直到被 G 功能组中其他的指令(G0,G1,…)取代为止。

说明:

只有用圆心坐标和终点坐标才可以表示一个整圆。

在用半径表示圆弧时,可以通过 CR =…的符号正确地选择圆弧,因为在相同的起始点、终点、半径和相同的方向时,可以有两种圆弧。其中,CR = -…表明圆弧段大于半圆,而正号表明圆弧段小于或等于半圆。整圆编程时只能用 I、J、K。

输入形式为:

圆心坐标和终点坐标　　　　G2　X…　Y…　I…　J…

半径和终点坐标　　　　　　G2　X…　Y…　CR =…　F…

圆心和张角　　　　　　　　G2　AR =…　I…　J…　F…

张角和终点坐标　　　　　　G2　AR =…　X…　Y…　F…

示例程序分别为:

圆心坐标和终点坐标(见图 3-23)

N030　G90　X30　Y40

N040　G2　X50　Y40　I10　J -7

半径和终点坐标（见图3-24）

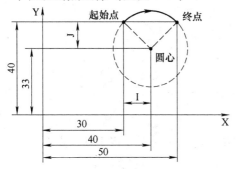

图3-23　圆心坐标和终点坐标示意图

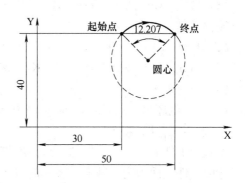

图3-24　半径和终点坐标示意图

N030　G90　X30　Y40

N040　G2　X50　Y40　CR = 12. 207

张角和终点坐标（见图3-25）

N030　G90　X40　Z30

N040　G2　X40　Z50　AR = 105

圆心和张角（见图3-26）

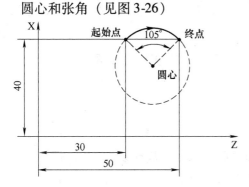

图3-25　张角和终点坐标示意图

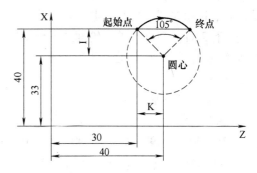

图3-26　圆心和张角示意图

N030　G90　X40　Z30

N040　G2　I – 7　K10　AR = 105

3）G5：通过中间点进行圆弧插补（见图3-27）。

功能：

如果不知道圆弧的圆心、半径或张角，但已知圆弧轮廓上三个点的坐标，则可以使用G5功能。

通过起始点和终点之间的中间点位置确定圆弧的方向。G5一直有效，直到被G功能组中其他的指令（G0，G1，G2…）取代为止。

说明：

可设定的位置数据输入G90或G91指令对终点和中间点有效。

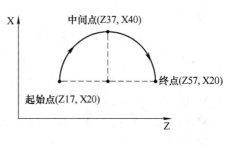

图3-27　中间点圆弧插补示意图

输入形式：G5　X…　Y…　Z…　IX =　JY =　KZ =　F…

编程举例：

N5　G90　Z17　X20

N10　G5　Z57　X20　IX = 40　KZ = 37

（4）任务实施

1）定义毛坯尺寸：80mm × 80mm × 10mm。

2）确定工艺路线。

①选择工件零点，确定工件零点为毛坯上表面中心，通过对刀设定工件零点 G54。

②以工件底面为定位基准，将其放置在等高块表面上，用机用虎钳装夹（事先应该找正机用虎钳）。

③沿加工轮廓的切向切入/切出，外形轮廓进退刀点设置在工件外，内腔轮廓进退刀点设置在工件内，且不能与与轮廓产生干涉。

④使用右刀补对毛坯进行加工。

⑤轨迹路线（见图 3-28）。刀具截面图是进刀、进给位置，也是进退刀点；箭头方向是进行刀补的建立，外形轮廓加工外圈线是轨迹线，内圈线是加工轮廓线；内腔轮廓加工则相反。

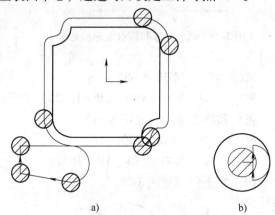

a)　　　　　　　　b)

图 3-28　轨迹图

a）外形轨迹图　b）内腔轨迹图

3）编制工件加工程序

AB2

N10　G54　G90　G17　G00　X – 50　Y – 50　T1　D1	基本参数设定，进刀点定位
N20　M3　S600　Z50	
N30　G1　Z5　F1000	快速移至安全高度
N40　Z – 3　F150	进给至深度
N50　G42　Y – 30　F200	建立刀补并将刀具移至延长线切入点
N60　X20	沿延长线切入轮廓
N70　G2　X30　Y – 20　CR = 10	
N80　Y20	
N90　G3　X20　Y30　CR = 10	
N100　G1　X – 20	
N110　G2　X – 30　Y20　CR = 10	
N120　G1　Y – 20	
N130　G3　X – 20　Y – 30　CR = 10	
N140　G2　Y – 50　CR = 10	沿着圆弧延长线切出轮廓
N150　G1　G40　X – 50　Y – 50	取消刀补至退刀点

| N160 | G0 | Z5 | | 快速移到安全高度 |

N160　G0　Z5　　　　　　　　　　　　快速移到安全高度

N170　X0　Y0　　　　　　　　　　　　快速定位到内腔进刀点

N180　G1　Z－5　F100　　　　　　　　进给至槽深

N190　X4　F200　　　　　　　　　　　移至进刀点

N200　G42　Y6　　　　　　　　　　　 建立刀补并将刀具移至延长
　　　　　　　　　　　　　　　　　　 线切入点

N210　G2　X10　Y0　CR＝6　　　　　　沿圆弧延长线切入轮廓

N220　I－10

N230　X4　Y－6　CR＝6　　　　　　　 沿圆弧延长线切出轮廓

N240　G1　G40　Y0　　　　　　　　　 取消刀补至内腔退刀点

N250　X0　Y0　　　　　　　　　　　　移至退刀点

N260　G0　Z150　M5　　　　　　　　　快速退刀且停转

N270　M2　　　　　　　　　　　　　　程序结束

4）加工操作

①机床回参考点。

②找正机用虎钳各位置参数，保证其护口板与机床 X 轴的平行度，找正机用虎钳支承面等高面。

③放置等高块，保证工件伸出钳口表面 5mm 左右，且使工件表面等高。

④安装 ϕ10 键槽铣刀至主轴。

⑤用铣刀直接对刀，将对刀值输入 G54 地址设置工件零点，X、Y 零点偏置在工件的对称中心，Z 零点设置在工件上表面。

⑥在 T1　D1 处设定刀具半径补偿值（5.2mm）。

⑦输入程序，并反复检索。检查无误后，自动粗加工外轮廓。

⑧加工完毕后，测量工件，如数据与理想状态相符。

⑨换 ϕ10mm 立铣刀至主轴，对 Z 轴，将对刀值替换原 Z 值，在 T1　D1 处修改刀具半径（5.0），然后自动精加工至尺寸。

⑩精加工完毕后，检测工件。如合格，拆卸工件、修毛刺。

五、设备维护与保养

1）关机之前必须把机床清扫干净。

2）在操作时或关机前，需将工作台移动至中心正对主轴的位置。

3）主轴上的刀具必须在关机前卸下，并关闭气阀。

4）工作台面需上油再关机。

六、实训效果考核

1）检查每位学生对所学指令含义的掌握程度。

2）控制每位学生参加加工考核的时间，最后检验每位学生所加工零件的尺寸精度及表面粗糙度，并打分。

课题四　孔类零件加工

一、实训目标及课时

1）掌握标准循环指令格式及各参数含义、钻孔的基本动作。

2）掌握孔类零件的加工工艺路线及孔的尺寸控制方法。

3）掌握孔类零件加工程序的编制。

4）掌握孔的加工方法（包括浅孔、深孔）。

5）掌握攻螺纹的加工特点及参数设定。

6）需用课时：12 学时。

二、实训设备、刀具、量具、夹具与材料

设备：XK714B（西门子 802S 系统）立式铣床。

刀具：中心钻、ϕ8.7 麻花钻、M10×1.5 机用丝锥。

量具：0～150mm 游标卡尺。

夹具：机用虎钳，等高块一副。

材料：工程塑料。

三、安全操作要点

1）工件装夹一定要牢固，且工件下表面要贴合等高块表面。注意：钻通孔时要考虑钻头与等高块的干涉。考虑到加工材料是塑料，注意夹紧力不能太大，以防止其变形严重。

2）对 X\Y 时，对刀塞尺要不断抽动，松紧程度要适中；由于所加工的孔是通孔，深度没有要求，对 Z 间隙可以大些，对刀值对应输入每把刀具的长度补偿地址。

3）严禁两个以上人员同时操作机床。

4）由于采用多把刀具进行加工，要反复检验对刀数据是否输入正确，确保所使用的工件坐标系中的 Z 地址为空。

5）检查所使用的工件坐标系中的 Z 轴数据不能与长度补偿值重复，只能是二选一。

6）轴向进刀时，由于加工件的材质为塑料，熔点较低，故转速不宜过高。

7）中途暂停换刀时，要注意刀具是否与程序对应，且刀具要安装好。

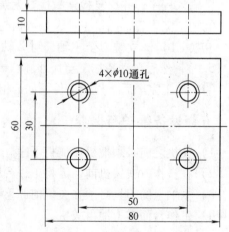

图 3-29　螺纹孔工件

四、实训操作步骤

（1）任务描述　编制如图 3-29 所示工件的钻孔加工程序，并进行操作加工。

（2）任务分析 此零件的加工难点在于孔的位置精度如何保证，如果只朝一个方向进给，可能会导致累计间隙加大，可用加工路径折返法进行加工；攻螺纹时的底孔孔径值通常要大于理论值，因为用理论直径的麻花钻钻出的底孔，若直接攻螺纹，容易使得攻螺纹反作用力过大，导致逼断丝锥。

（3）相关知识

1）LCYC82：钻削，沉孔加工。

功能：刀具以编程的主轴速度和进给速度钻孔，直至到达给定的最终钻削深度。在到达最终钻削深度时可以编制一个停留时间。退刀时以快速移动速度进行。

前提条件：必须在调用程序中给定主轴速度值和方向以及钻削轴进给率。在调用钻孔循环之前，必须在调用程序段中设置快速移动至钻孔位置，并且必须选择已设定好了刀具补偿值的相应的刀具。

沉孔固定循环基本参数及其含义见表 3-4。

表 3-4 沉孔固定循环基本参数及含义

参数	意义，数值范围	参数	意义，数值范围
R101	退回平面（绝对平面）	R104	最后钻深（绝对值）
R102	安全距离	R105	在此钻削深度停留时间
R103	参考平面（绝对平面）		

说明：

R101 退回平面，确定了循环结束之后钻削轴的位置。

R102 安全距离。只对参考平面而言，由于有安全距离，参考平面被提前了一个安全距离量。循环可以自动确定安全距离的方向。

R103 参数 R103 所确定的参考平面就是图样中所标明的钻削起始点。

R104 此参数确定钻削深度，它取决于工件零点。

R105 用参数 R105 设定此深度处的停留时间（单位：s）。

循环的时序过程：

①用 G0 回到被提前了一个安全距离量的参考平面处。

②按照调用程序段中编制的进给率以 G1 进行钻削。

③执行此深度停留时间。

④以 G0 退刀，回到退回平面。

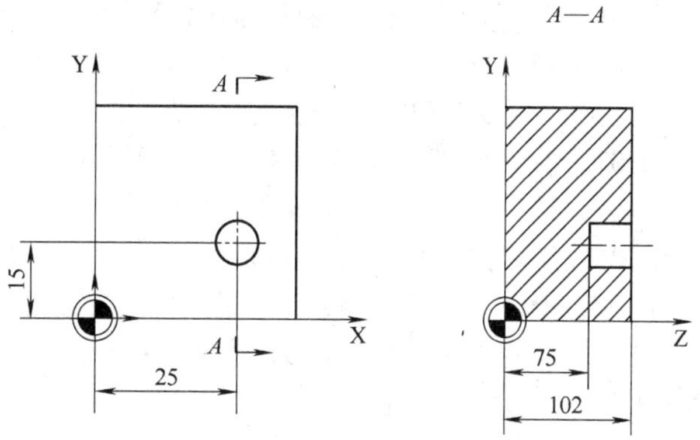

举例：钻削——沉孔加工，如图 3-30 所示。

图 3-30 一般沉孔加工示意图

使用 LCYC82 循环，程序在 XY 平面 X24 Y15 位置加工深度为 27mm 的孔，在孔底停留时间 2s，钻孔坐标轴方向安全距离为 4mm。循环结束后刀具处于 X24、Y15、Z110。

LSR1

```
N10   G0  G17  G90  F500  T2  D1  S500  M4        规定参数值
N20   X24  Y15                                    回到钻孔位
N30   R101 = 110  R102 = 4  R103 = 102  R104 = 75  设定参数
N35   R105 = 2                                    设定参数
N40   LCYC82                                      调用循环
N50   M2                                          程序结束
```

2）LCYC83：深孔钻削。

功能：深孔钻削循环加工中心孔，通过分步钻入达到最后的钻深，钻深的最大值预先规定。钻削既可以在每步到钻深后，提出钻头到其参考平面达到排屑目的，也可以每次上提1mm以便断屑。

前提条件：必须在调用程序中给定主轴速度值和方向，在调用循环之前必须已经处于钻削开始位置。在调用循环之前必须选取钻头的刀具补偿值。

深孔加工固定循环参数及其含义，见表3-5。

表3-5 深孔加工固定循环参数及含义

参数	含义及数值范围	参数	含义及数值范围
R101	退回平面（绝对平面）	R108	首钻进给率
R102	安全距离，无符号	R109	在起始点和排屑时停留时间
R103	参考平面（绝对平面）	R110	首钻深度（绝对）
R104	最后钻深（绝对值）	R111	递减量，无符号
R105	在此钻削深度停留时间（断屑）	R127	加工方式：断屑 = 0；排屑 = 1
R107	钻削进给率		

说明：

R101 退回平面参数。退回平面确定了循环结束之后钻削加工轴的位置。

R102 安全距离，只对参考平面而言。由于有安全距离，参考平面被提前了一个安全距离量。循环可以自动确定安全距离的方向。

R103 参数R103所确定的参考平面就是图样中所标明的钻削起始点。

R104 最后钻深以绝对值编程，与循环调用之前的状态G90或G91无关。

R105 用参数R105设定此深度处的停留时间（单位：s）。

R107，R108 进给率参数。通过这两个参数设定第一次钻深及其后钻削的进给率。

R109 起始点停留时间参数。参数R109可以设定起始点停留时间。只有在"排屑"方式下才执行在起始点处的深度。

R110 参数R110确定第一次钻削的深度。

R111 递减量参数R111确定递减量的大小，从而保证以后的钻削量小于当前的钻削量。用于第二次钻削的量如果大于所设定的递减量，则第二次钻削量应等于第一次钻削量减去递减量。否则，第二次钻削量就等于递减量。当最后的剩余量大于两倍的递减量时，则在此之前的最后钻削量应等于递减量，所剩下的最后剩余量平分为最终两次钻削行程。如果第一次钻削量的值与总的钻削深度量相矛盾，则显示报警号：61107"第一次钻深错误定义"，从而不执行循环。

R127　加工方式参数。

值0：钻头在到达每次钻削深度后上提1mm空转，用于断屑。

值1：每次钻深后钻头返回到安全距离之前的参考平面，以便排屑。

时序过程：循环开始之前的位置是调用程序中最后所回的钻削位置。

循环的时序过程：

①用G0回到被提前了一个安全距离量的参考平面处。

②用G1执行第一次钻深，钻深进给率是调用循环之前机床所默认的编程进给率，执行钻孔深度的停留时间（参数R105）。

在断屑时：用G1按调用程序中所设定的进给率从当前钻深上提1mm，以便断屑。

在排屑时：用G0返回到安全距离量之前的参考平面，以便排屑。执行起始点停留时间（参数R109），然后用G0返回上次钻深，但留出一个前置量（此量的大小由循环内部计算所得）。

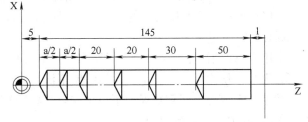

③用G1按所设定的进给率执行下一次钻深切削，该过程一直进行下去，直至到达最终钻削深度。

④用G0返回到退回平面。

图3-31　深孔钻削示意图

举例：深孔钻削。程序在位置X0处执行循环LCYC83，如图3-31所示。

```
LSR2
N100    G0    G18    G90    T4    S500    M3        确定工艺参数
N110    Z155
N120    X70                                          回第一次钻削位置
N130    R101 = 155    R102 = 1    R103 = 150
R104 = 5    R105 = 0    R109 = 0    R110 = 100       设定参数
R111 = 20    R107 = 500    R127 = 1    R108 = 400
N140    LCYC83                                       第一次调用循环
N199    M2
```

3）LCYC840：带补偿夹具螺纹切削。

功能：刀具按照程序设定的主轴转速和方向加工螺纹，钻削轴的进给率可以从主轴转速计算出来。该循环可以用于带补偿夹具和主轴实际值编码器的内螺纹切削。循环中可以自动转换旋转方向。

前提条件：主轴转速可以调节，带位移测量系统。但循环本身不检查主轴是否带实际值编码器。必须在调用程序中规定主轴转速和方向。在循环调用之前必须在调用程序中回到钻削位置。在调用循环之前必须选择相应的带刀具补偿的刀具。

带补偿夹具螺纹切削固定循环参数及其含义，见表3-6。

说明：

R101～R104　参见LCYC82。

R106　螺纹导程值。

表3-6　带补偿夹具螺纹切削固定循环参数及其含义

参数	含义，数值范围
R101	退回平面（绝对平面）
R102	安全距离
R103	参考平面（绝对平面）
R104	最后钻深（绝对值）
R106	螺纹导程值，数值范围：0.001～20000.000mm
126	攻螺纹时主轴旋转方向，数值范围：3（用于M3），4（用于M4）

R126　R126规定主轴旋转方向，在循环中旋转方向会自动转换。

时序过程：循环开始之前的位置时调用程序中最后所回的钻削位置。

循环的时序过程：

①用G0回到被提前了一个安全距离量的参考平面处。

②用G33切内螺纹，直至到达最终钻削深度。

③用G33退刀，回到被提前了一个安全距离量的参考平面处。

④以G0退刀，回到退回平面。

举例：用此程序在位置X35　Y35处攻一螺纹，钻削轴为Z轴。必须设定R126主轴旋转方向参数。加工时必须使用补偿夹具。在主程序中给定主轴转速，如图3-32所示。

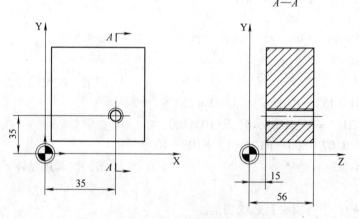

图3-32　带补偿夹具螺纹切削示意图

LSR3

N10	G0	G17	G90	S300	M3	D1	T1	规定参数值

N10　G0　G17　G90　S300　M3　D1　T1　　　　　规定参数值

N20　X35　Y35　Z60　　　　　　　　　　　　　　回到钻孔位

N30　R101 = 60　R102 = 2　R103 = 56　R104 = 15　R105 = 1　　设定参数

N40　R106 = 0.5　R126 = 3　　　　　　　　　　　设定参数

N45　LCYC840　　　　　　　　　　　　　　　　　调用循环

N50　M2　　　　　　　　　　　　　　　　　　　　程序结束

（4）任务实施

1）定义毛坯尺寸：80mm × 60mm × 10mm。

2）确定工艺路线。

①选择工件零点，确定工件零点为毛坯上表面中心，通过对刀设定工件零点 G54。

②以工件底面为定位基准，放置在等高块表面上（注意：等高块应该让出钻孔位置），用机用虎钳装夹（事先应该找正机用虎钳）。

③孔位执行路线应在中间位置折返；先打中心孔，然后钻底孔，最后攻螺纹。注意：每把刀的长度补偿值需对应输入，G54Z 地址需为零。

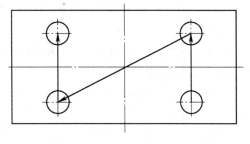

图 3-33　轨迹路线图

④攻螺纹的参数关系：F（进给速度）= S（转速）×P（螺距）。

⑤轨迹路线（见图 3-33）。箭头线为刀具运行轨迹。

3）参考程序

```
BAC12
N10    G0  G17  G90  F150  T1  D1  S800  M3        基本参数值设定
N20    X25  Y – 15                                 回到钻孔位
N30    R101 = 30  R102 = 4  R103 = 0  R104 = – 4
R105 = 0                                           设定参数
N40    LCYC82                                      调用循环
N50    Y15
N60    LCYC82
N70    X – 25  Y – 15
N80    LCYC82
N90    X25
N100   LCYC82
N110   G0  Z150  M5
N120   M00                                         暂停换刀
N130   G0  T2  D1  S600  M3
N140   X25  Y – 15
N150   R101 = 30  R102 = 4  R103 = 0  R104 = – 15
R105 = 0  R107 = 100  R108 = 120  R109 = 0
R110 = – 5  R111 = 3  R127 = 0
N160   LCYC83
N170   Y15
N180   LCYC83
N190   X – 25  Y – 15
N200   LCYC83
N210   X25
```

```
N220    LCYC83
N230    G0    Z150    M5
N240    M00
N250    G0    G17    G90    S100    M3    D1    T3
N240    X25    Y－15
N250    R101 = 40    R102 = 4    R103 = 0    R104 = －15    R105 = 1
R106 = 1.5    R126 = 3
N260    LCYC840
N270    Y15
N280    LCYC840
N290    X－25    Y－15
N300    LCYC840
N310    X25
N320    LCYC840
N330    G0    Z150    M5
N340    M2
```

4）加工操作。

①机床回参考点。

②找正机用虎钳各位置参数，保证其护口板与机床 X 轴的平行度，找正机用虎钳支撑面的等高面。

③放置等高块，保证工件伸出钳口表面 5mm 左右，且使工件表面等高；注意孔位要与等高块偏让。

④安装对刀棒至主轴。

⑤用对刀棒对刀，将对刀值输入 G54 地址，设置工件零点，X、Y 零点偏置在工件的对称中心，Z 零点设置在工件上表面；Z 地址必须为 0。

⑥换中心钻至主轴，只对 Z 轴，在 T1　D1 处设定刀具长度补偿值。

⑦换 φ8.7mm 的麻花钻至主轴，对 Z 轴，在 T2　D1 处设定刀具长度补偿值。

⑧换 M10 机用丝锥至主轴，对正 Z 轴，在 T3　D1 处设定刀具长度补偿值。

⑨输入程序，并反复检查。检查无误后，自动执行加工程序进行零件的加工。

⑩加工完毕后，检测工件。如合格，拆卸工件、修毛刺。

五、设备维护与保养

1）关机之前必须把机床清扫干净。

2）在操作时或关机前需将工作台移动至中心正对主轴的位置。

3）主轴上的刀具必须在关机前卸下，并关闭气阀。

4）工作台面需上油再关机。

六、实训效果考核

1）指导教师对每位同学进行循环知识点的抽查。

2）评估每位同学对本零件的加工工艺熟练度、操作熟练度；并对零件进行检验及打分。

课题五 综合技能训练

一、实训目标及课时

1）更加熟练地运用以前的知识点进行零件编程及加工。

2）对 Q235 钢的属性进行了解，控制零件的精度。

3）所需课时：8 学时。

二、实训设备、刀具、量具、夹具与材料

设备：XK714B（西门子 802S 系统）立式铣床。

刀具：中心钻、ϕ9.8mm 麻花钻、ϕ10mm 机用铰刀、ϕ16mm 键槽铣刀、ϕ16mm 立铣刀。

量具：0～150mm 游标卡尺、深度游标卡尺、内径千分尺。

夹具：机用虎钳及等高块一副。

材料：Q235 钢。

三、安全操作要点

1）由于此零件是钢材，工件装夹一定要紧固，且工件下表面要贴合等高块表面。

2）对刀时，对刀塞尺要不断抽动，松紧程度要适中。

3）严禁两个以上人员同时操作机床。

4）要反复检验对刀数据和半径补偿值是否输入正确。

5）所使用的工件坐标系中的 Z 轴数据不能与长度补偿值重复，只能是二选一。

6）径向切入时速度要慢。

7）内腔轴向下刀时，进给速度和转速一定要慢。

四、实训操作步骤

（1）任务描述 编制如图 3-34 所示工件的所有加工程序，并进行操作加工。

（2）任务分析 此零件材料为钢件，在切削属性上，与塑料完全不同，故切削三要素也完全不同。且零件的精度要求也较高，故铰刀转速不宜过高；铣削时，精

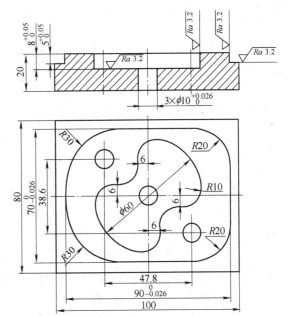

图 3-34 综合二维零件工件图

加工补偿量要考虑让刀及磨损因素。

（3）相关知识

1）凸、凹圆弧实际进给速度计算。

$$F_t = F_b \times (r_{圆弧} + r_{刀具})/r_{圆弧}$$
$$F_a = F_b \times (r_{圆弧} - r_{刀具})/r_{圆弧}$$

式中　F_t——凸圆实际进给速度；

　　　F_a——凹圆实际进给速度；

　　　F_b——编程进给速度；

　　　$r_{圆弧}$——加工圆弧半径值；

　　　$r_{刀具}$——切削刀具半径值。

2）主轴转速计算。主轴转速有两种计算方法，即经验法和理论法。

①经验法。

经验公式　　　　　　　　　　　$n = 6000/d$

式中　n——每分钟主轴转速；

　　　d——切削刀具直径。

②理论法。

理论公式　　　　　　　　　　　$v = \pi dn/1000$

式中　v——线速度，可通过查表获得，单位为 m/min；

　　　d——切削刀具直径；

　　　n——每分钟主轴转速。

3）L 指令。

功能：在一个程序（主程序和子程序）中，可以直接用程序名调用子程序。子程序调用要求占用一个独立的程序段。

编程举例：

N10　L785　　　　　调用子程序 L785

N20　LRAHMEN7　　　调用子程序 LRAHMEN7

4）P 指令。

功能：如果要求多次连续地执行某一子程序，则在编程时就必须在所调用子程序的程序名后地址 P 下写入调用次数，最大次数可以为 9999（P1 ~ P9999）。

编程举例：

N10　L785　P3　　　　调用子程序 L785，运行三次

5）子程序。

功能：用子程序编写经常重复进行的加工，比如某一确定的轮廓形状。子程序位于主程序程序段的地方，在需要时进行调用、运行。

结构：子程序的结构与主程序的结构一样，在子程序中也是在最后一个程序段中用 M2 结束子程序运行。子程序结束后返回主程序。除了用 M2 结束子程序外，还可以用 RET 指令结束子程序。RET 要求占用一个独立的程序段。

命名：为了方便选择某一子程序，必须给子程序取一个程序名。程序名可以自由选取，但必须符合以下规定：

①开始两个符号必须是字母。

②其他符号为字母、数字或下划线。

③最多8个字母。

④没有分隔符。

子程序名的选取方法与主程序中程序名的选取方法相同。

举例：BUCHSE7

在子程序中还可以使用地址字 L…，其后的值可以有 7 位（只能为整数）。

注意：地址字 L 之后的每个数字零都有意义，不可省略。

举例：L128 并非 L0128 或 L00128。

以上表示三个不同的子程序。

子程序的调用参见 L 指令、P 指令。

（4）任务实施

1）定义毛坯尺寸：100mm×80mm×20mm。

2）确定工艺路线。

①选择工件零点，确定工件零点为毛坯上表面中心，通过对刀设定工件零点 G54。

②以工件底面为定位基准，放置在等高块表面上（注意：等高块应该让出钻孔位置），用机用虎钳装夹（事先应该找正机用虎钳）。

③精加工铣刀刀补设为 7.99mm；需考虑让刀和铣削刃磨损；尽量使用顺铣方式。

④轨迹路线（见图 3-35）。带箭头的线条为刀具运行轨迹，以箭头方向为运行方向。

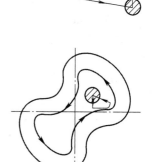

图 3-35　内外轮廓轨迹路线图

3）参考程序

BBC1

| N10 | G54 G90 G17 G0 T1 D1 G0 X0 Y0 | 中心钻及参数设定 |

N10　G54　G90　G17　G0　T1　D1　G0　X0　Y0　　　中心钻及参数设定

N20　M3　S1000　Z50　M8　F100

N30　R101 = 30　R102 = 5　R103 = 0　R104 = -4　R105 = 0

N40　LCYC82

N50　X23.9　Y - 19.3

N60　LCYC82

N70　X - 23.9　Y19.3

N80　LCYC82

N90　G0　Z150　M5　M9

N100　M00

N110　T2　D1　G0　X0　Y0　M3　S600　F100　M8　　　麻花钻及参数设定

N120　R101 = 30　R102 = 5　R103 = 0　R104 = -24　R105 = 0

N130　LCYC82

N140　X23.9　Y - 19.3

N150	LCYC82					
N160	X – 23.9 Y19.3					
N170	LCYC82					
N180	G0 Z150 M5 M9					
N190	M00					
N200	T3 D1 G0 X0 Y0 M3 S200 F80 M8					机用铰刀及参数设定
N210	R101 = 30 R102 = 5 R103 = 0 R104 = – 23 R105 = 0					
N220	LCYC82					
N230	X23.9 Y – 19.3					
N240	LCYC82					
N250	X – 23.9 Y19.3					
N260	LCYC82					
N270	G0 Z150 M5 M9					
N280	M00					
N290	T4 D1 G0 X60 Y – 50 M3 S400 M8					粗加工铣刀及参数设定，刀补8.2mm
N300	Z5					
N310	G1 Z – 4.8 F100					外形深度预留精加工余量
N320	L1					外形轮廓子程序调用
N330	G0 X10 Y10					
N340	G1 Z – 7.8 F80					内腔深度预留精加工余量
N350	L2					内腔轮廓子程序调用
N360	G0 Z150 M5 M9					
N370	M00					
N380	T5 D1 G0 X60 Y – 50 M3 S500 M8					精加工铣刀及参数设定，刀补7.99mm
N390	Z5					
N400	G1 Z – 5 F100					外形深度精加工
N410	L1					
N420	G0 X10 Y10					
N430	G1 Z – 8 F100					内腔深度精加工
N440	L2					
N450	G0 Z150 M5 M9					
N460	M2					
L1						外形轮廓子程序
N10	G1 G41 Y – 35 F120					
N20	X – 15					

N30　　G2　X-45　Y-50　CR=30

N40　　G1　Y5

N50　　G2　X-15　Y35　CR=30

N60　　G1　X25

N70　　G2　X45　Y15　CR=20

N80　　G1　Y-15

N90　　G2　X25　Y-35　CR=20

N100　G3　X15　Y-45　CR=10

N110　G1　G40　X60　Y-50

N120　G0　Z5

N130　RET

L2　　　　　　　　　　　　　　　　　　　　　　　内腔轮廓子程序

N10　　G1　G41　Y-6　F120

N20　　X19.6

N30　　G3　X29.4　Y6　CR=10

N40　　X6　Y29.4　CR=30

N50　　X-6　Y19.6　CR=10

N60　　G1　Y16

N70　　G2　X-16　Y6　CR=10

N80　　G1　X-19.6

N90　　G3　X-29.4　Y-6　CR=10

N100　X-6　Y-29.4　CR=30

N110　X6　Y-19.6　CR=10

N120　G1　Y-16

N130　G2　X16　Y-6　CR=10

N140　G3　X25　Y3　CR=9

N150　G1　G40　X10　Y10

N160　G0　Z5

N170　RET

4）加工操作

①机床回参考点。

②找正机用虎钳各位置参数，保证其护口板与机床 X 轴的平行度，找正机用虎钳支撑面的等高面。

③放置等高块，保证工件伸出钳口表面 5mm 以上，且使工件表面等高；注意孔位要与等高块偏让。

④安装对刀棒至主轴。

⑤用对刀棒对刀，将对刀值输入 G54 地址，设置工件零点，X、Y 零点偏置在工件的对称中心，Z 零点设置在工件上表面；Z 地址必须为 0。

⑥换中心钻至主轴，只对正 Z 轴，在 T1　D1 处设定刀具长度补偿值。

⑦换 ϕ9.8mm 的麻花钻至主轴，只对正 Z 轴，在 T2　D1 处设定刀具长度补偿值。

⑧换 ϕ10.0mm 机用铰刀至主轴，只对正 Z 轴，在 T3　D1 处设定刀具长度补偿值。

⑨换 ϕ16mm 的粗加工铣刀至主轴，只对正 Z 轴，在 T4　D1 处设定刀具长度补偿值及半径补偿值。

⑩换 ϕ16mm 的精加工铣刀至主轴，只对正 Z 轴，在 T5　D1 处设定刀具长度补偿值及半径补偿值。

⑪输入程序，并反复检查。检查无误后，自动执行加工程序进行零件的加工。

⑫加工完毕后，检测工件。如合格，拆卸工件、修毛刺。

五、设备维护与保养

1）关机之前必须把机床清扫干净。

2）在操作时或关机前需将工作台移动至中心正对主轴的位置。

3）主轴上的刀具必须在关机前卸下，并关闭气阀。

4）工作台面需上油再关机。

六、实训效果考核

1）检验每位同学所加工的零件精度，并对零件进行打分。

2）思考及练习如图 3-36 所示的零件。

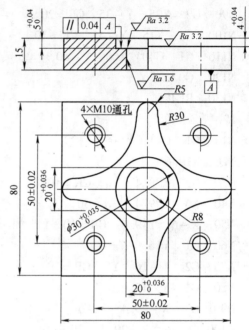

图 3-36　综合二维零件图

课题一　XH714G 加工中心操作

一、实训目标及课时数

1）了解 XH714G 加工中心的组成及结构（见图 4-1）。

2）掌握 XH714G 加工中心的基本操作方法（机床的开机与关机、功能键识别与作用、程序的编辑与修改、刀库的操作等）。

3）熟悉机床各个按键的功能与作用，并进行程序录入。

4）熟悉 XH714G 加工中心操作规程与注意事项。

5）需用课时：6 学时。

6）训练考核图样，如图 4-2 所示。

图 4-1　XH714G 加工中心

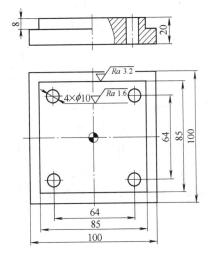

图 4-2　考核图样

二、实训设备及刀具

1）设备：XH714G 立式加工中心（汉川机床厂生产）3 台。

2）刀具：刀具清单见表 4-1。

三、安全操作要点

1）正确执行开机与关机操作。

表 4-1 刀 具 清 单

刀具名称	刀具规格	刀具材料	刀具数量
键槽铣刀	φ10mm	高速钢	1
中心钻	φ3mm	高速钢	1
钻头	φ9.8mm	高速钢	1

2）程序模拟一定要将机床锁住。

3）执行换刀时一定要注意换刀格式（T××；M06；M30；每个代码必须分行输入，且不能调换，否则会出现严重事故）。

4）刀库在执行换刀动作时，不可按动机械面板上的任何按键。

5）禁止多人同时操作机床。

四、实训操作步骤（含实训内容）

（1）XH714G 立式加工中心的组成　加工中心与数控铣床的最大区别在于加工中心具有自动交换刀具功能，根据零件的加工要求，可以在刀库里放置不同用途的刀具，可在一次工件装夹中通过自动换刀装置实现换刀，从而完成钻、铣、镗、铰、攻螺纹等多种加工功能。它主要由床身、主轴箱、工作台、底座、立柱、进给机构、自动换刀装置、辅助系统、控制系统等组成。该机床最多控制轴数为 3 轴，分别为：X 轴、Y 轴、Z 轴。主轴转速范围：50 ~8000r/min，配置 FANUC0i-mA 系统。

（2）XH714G 立式加工中心开关机　在开机之前要检查机床状况有无异常，润滑油是否足够，气源阀门是否打开等，只有一切正常方可以开机。

开机步骤：

1）首先合上断路器。

2）打开机床钥匙开关。

3）合上机床控制柜上的总电源开关（此时机床变电箱会发出"嘣"声响）。

4）打开气源阀门，使空气压力达到机床规定的压力。

5）按下控制面板的绿色按钮，启动数控系统，稍等片刻，系统画面正常显示后出现 EMG 报警时，此时右旋红色急停按钮。听到机床发出"叮"的一声，机床开机完成，进入准备工作状态。

6）打开机床工作灯。

关机步骤：

关机之前先要确认机床各个轴是否在中间位置，关机顺序和开机顺序相反。

1）按下红色急停按钮。

2）按下红色系统按钮。

3）拉下机床控制柜上总电源开关。

4）关闭机床钥匙开关，并取下钥匙。

5）关闭气源阀门。

6）最后关闭断路器，关机完成。

（3）机床返回参考点　通常数控机床在开机后都要进行回参考点操作，以确定机床坐标系。该机床具体回参考点的操作是：每次开机正常后，按下系统软键面板下的"综合坐标系"按键，按回参考点按键 ⬚，然后依次按 ⬚ -Z、⬚ +X、⬚ +Y 键。机床回到零点以后，按"手动"键，然后依次按 ⬚ -Z、⬚ -X、⬚ -Y 键，将工作台移到主轴下方（每次回参考点前各轴坐标要在 −150mm 以外，方可进行回参考点操作）。

（4）首次转动主轴　FANUC 系统通常在开机之后都要在"MDI"方式下进行转速设置，否则在手动方式下无法起动主轴。具体操作是：按"PROG"功能键，按 MDI ⬚ 键显示器出现 MDI 画面，输入"；S×××　M03；"→按"INSERT"键→将光标移至 O0000 处→按复位键→按循环启动键 ⬚，此时主轴正转→按复位键或按主轴停转键，使主轴停转。

（5）程序的输入与编辑

1）新建程序。按"编辑"键→按"PROG"键→系统出现程序画面，输入 O×××× 等程序名→按"INSERT"键，程序名新建完成。

2）程序修改。按"编辑"键→按"PROG"键→选择要修改的程序，将光标移到要修改的字符上，然后输入正确的字符→按"ALTER"键替换。如果在输入字符时输错了，用"CAN"键取消即可。如果要插入字符，将光标移至要插入字符的前一个字符上→输入要插入的字符→按"INSERT"键。

3）程序删除。按"编辑"键→按"PROG"键→输入要删除程序的程序名（如要删除 O5555 程序，则输入 O5555）按"DELETE"键→按确认键"EXEC"软键即可。如果要删除单个字符（如 G54）则输入"G54"按"DELETE"键。如果要删除一个程序段（N10　G54　G90　G17　G0　X0　Y0）只要将光标移至 N10 序号前输入"；"按"DELETE"键即可删除整个程序段。

4）程序的调用与保存。按"编辑"键→按"PROG"键→输入要调用的程序名（如调 O5555，则输入 O5555）→按下光标键或检索软键即可调出程序。FANUC 系统程序输完以后自动保存。

5）程序校验。按"编辑"键→按"PROG"键→调出要校验的程序名→按空运行键 ⬚→按程序测试键 ⬚→按"图形显示"键→按"自动"键→按"循环启动"键，即可进行程序校验，同时在画面上会显示图形。

6）自动加工。调出要加工的程序→按"自动"键→按"循环启动"键即可进行自动加工。

（6）XH714G 立式加工中心刀库操作　XH714G 立式加工中心采用斗笠式刀库，刀库可容纳 12 把刀，其换刀过程是主轴上下运动配合刀库前进与后退来实现换刀的。安装刀具的具体操作步骤如下：

1）首先要确认当前刀库号上没有刀具，并且要知道当前的刀号（假设当前刀号为 1 号位）。

2）在"手动方式"下，按下主轴松开按钮，将刀具安装到主轴上，然后按下主轴夹紧按钮，此时刀具装夹到主轴上。

3）在"MDI方式"下，按"PROG"键→"。T2；M06；M30；"按"INSERT"键→将光标移至程序名上→按"复位"键→按"循环启动"键。此时刀库将主轴上刀具装入1号刀位，将2号刀位调到当前位。

4）装2号刀具，重复第3）步操作，依次执行将刀具装入刀库。

调刀操作和装刀相似，只要在"MDI方式"下输入所需要调用的刀号（如调用2号刀具）→输入"；T2；M06；M30；"→按"循环启动"键即可。

将刀具装入刀库应注意以下问题：

1）机床在装刀与调刀的过程中不能按机械面板上其他任何按键，以免出现操作事故。

2）装入刀库的刀具必须与程序中的刀具号一一对应，否则会伤害机床和加工零件。

3）交换刀具时，主轴上的刀具号不能与刀库中的刀具号重号。比如主轴上已是"1"号刀具，则不能再从刀库中调"1"号刀具。

五、设备维护保养

1）在开机前要检查润滑油是否充足、气源阀门是否已经打开。

2）检查各个功能按键是否正常。

3）实训过程中若出现报警要及时消除，使机床处于正常工作状态。

4）实训结束后要及时清扫机床和清点工量具，并对机床周边进行地面清扫，保持车间卫生。

六、实训效果考核

1）机床面板熟悉及考核训练程序（参考程序）

O00001（主程序）

T1　M98　P1000；

G54　G90　G17　G0　X0　Y0；

G43　H01　Z50.；

S600　M03；

Z5.；

G0　X0　Y－60.；

G01　Z－8　F50；

G41　Y－42.5　D1　F100；

X－42.5；

Y42.5；

X42.5；

Y－42.5；

X0；

G40　G01　Y－60.

G0　Z150.；

T2　M98　P1000；

G54　G90　G17　G0　X0　Y0；

```
G43　H02　Z50. ；
S1000　M03；
G99　G81　X32　Y32　Z－3　R4　F50；
X－32. ；
Y－32. ；
X32. ；
G0　G80　Z150. ；
T3　M98　P1000；
G54　G90　G17　G0　X0　Y0；
G43　H03　Z50. ；
S600　M03；
G99　G83　X32.　Y32.　Z－25.　R4.　Q5.　F50；
X－32. ；
Y－32. ；
X32. ；
G0　G80　Z150. ；
M30；
O1000；                          换刀子程序
M05；
M09；
G40　G80；
G91　G28　Z0；
G49；
M06；
M99；
```

说明：在输入程序时，X、Y、Z、I、J、K、R、Q 后面是整数时要加"．"。

2）快速写出换刀子程序和换刀的具体过程。

3）机床开机后回零的主要作用是什么？

课题二　加工中心零件程序编制

一、实训目标及课时数

1）了解数控加工中心编程特点和程序编制的工艺过程。

2）掌握常用数控 G 代码的应用和编程方法。

3）掌握刀具半径补偿和刀具长度补偿的应用。

4）掌握如何调用子程序。

5）培养学生养成认真负责的工作态度和严谨细致的工作作风。

6）要求每个学生都能独立完成实训编程练习题（见图 4-3）。

7）需用课时：6 学时。

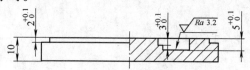

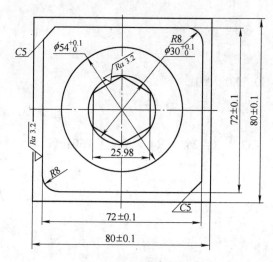

图 4-3 编程图样

二、实训设备、刀具、量具、夹具与材料

1）设备：XH714G 立式加工中心 3 台。

2）刀具：刀具清单见表 4-2。

表 4-2 刀具清单

刀具名称	刀具规格	刀具材料	数量
键槽铣刀	ϕ10mm	高速钢	1
立铣刀	ϕ10mm	高速钢	1
刀柄	ER32—10 弹簧夹		2

3）量具：0 ~ 150mm 游标卡尺。

4）夹具：0 ~ 200mm 机用虎钳及等高块。

5）材料：Q235 钢。

三、安全操作要点

1）编程时，注意 Z 方向的数值正负号。

2）认真计算圆弧连接点和各基点的坐标值，确保进给正确。

3）正确理解刀具半径补偿概念及其功能。

四、实训操作步骤（含实训内容）

（1）分析零件图样和制订合理工艺方案 从形状上分析，该零件加工主要是外形铣削和挖槽铣削，其精度要求比较高，因此采用圆弧进/退刀，粗、精加工方法，以达到轮廓精度和表面粗糙度要求。

（2）进行数学处理，计算各个基点坐标　该零件图形比较简单，其基点坐标可以通过三角函数进行计算。

（3）进行程序的编制（参考程序）

O0001；（主程序）
T1　M98　P1000；
G54　G90　G17　G0　X0　Y0；
G43　H01　Z50.　M08；
S600　M03；
Z5.；
G0　X0　Y－50.；
G01　Z－1.8　F50；
D1　M98　P0002；
G0　X21.　Y0；
G01　Z－4.8　F50；
D1　M98　P0003；
G0　X21.　Y0；
G01　Z－2.8　F50；
D1　M98　P0004；
G0　Z150.；
T2　M98　P1000；
G54　G90　G17　G0　X0　Y0；
G43　H02　Z50.　M08；
S800　M03；
Z5.；
G0　X0　Y－50.；
G01　Z－2　F50；
D2　M98　P0002；
G0　X21.　Y0；
G01　Z－5　F50；
D2　M98　P0003；
G0　X21.　Y0；
G01　Z－3　F50；
D2　M98　P0004；
G0　Z150；
M30；
　O0002　　　　　　　　　　　　　　　外形子程序
G41　G01　X14.　Y－50.　F100；

```
G03    X0    Y – 36.    R14. ;
G01    X – 26. ;
G02    X – 36.    Y – 26.    R8. ;
Y31. ;
X – 31.    Y36. ;
X26 ；
G02    X36.    Y26.    R8. ;
G01    Y – 31 ；
X31.    Y – 36. ;
X0 ；
G03    X – 14.    Y – 50.    R14. ;
G40    G01    X0 ；
G0    Z5. ;
M99 ；
O0003
G41    G01    Y – 6.    F100 ；
G03    X27.    Y0    R6. ;
G03    I – 27. ;
G03    X15.    Y0    R6. ;
G02    I – 15. ;
G03    X21.    Y – 6.    R6. ;
G01    G40    Y0 ；
G0    Z5. ;
M99 ；
O0004
G41    G01    Y8. 01    F100 ；
G03    X12. 99    Y0    R8. 01 ；
G01    Y – 7. 5 ；
X0    Y – 30. ;
X – 12. 99    Y – 15. ;
Y15. ;
X0    Y30. ;
X12. 99    Y15. ;
Y0 ；
G03    X21.    Y – 8. 01    R8. 01 ；
G40    G01    Y0 ；
G0    Z5. ;
M99 ；
```

环形槽子程序

加工六角子程序

（4）相关知识　刀具补偿概念是数控编程技术中一个非常重要的概念，它既是数控编程的重点内容又是较难理解的内容，所以对刀具补偿概念的理解不能仅停留在表面上，只有真正理解了补偿的意义，在实际编程上才能灵活多变地应用刀具补偿功能，以提高加工效率。

在零件轮廓铣削加工时，由于刀具半径尺寸的影响，刀具的中心轨迹与零件轮廓往往不一致。为了能直接按零件图样上的轮廓尺寸编程，避免计算刀具中心轨迹，数控系统提供了刀具半径补偿功能，如图 4-4 所示。

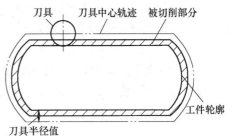

图 4-4　刀具半径补偿

1）编程格式。G41 为左偏刀具半径补偿，定义为假设工件不动，沿刀具运动方向向前看，刀具在零件左侧的刀具半径补偿，如图 4-5 所示。

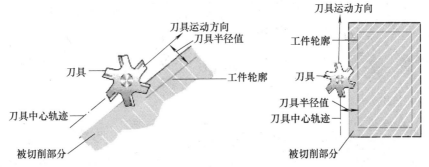

图 4-5　左偏刀具半径补偿

G42 为右偏刀具半径补偿，定义为假设工件不动，沿刀具运动方向向前看，刀具在零件右侧的刀具半径补偿，如图 4-6 所示。G40 为补偿取消指令。

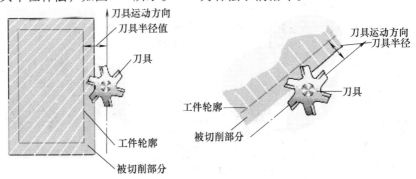

图 4-6　右偏刀具半径补偿

程序格式举例：

G00/G01　G41/G42　X～　Y～　D～；　　　　　建立补偿程序段

…}
…}　　　　　　　　　　　　　　　　　　　　　执行补偿切削程序段

G00/G01　G40　X～　Y～；　　　　　　　　　补偿取消程序段

其中，G41/G42 程序段中的 X、Y 值是建立补偿直线段的终点坐标值；G40 程序段中的 X、Y 值是撤销补偿直线段的终点坐标；D 为刀具半径补偿代号地址字，后面一般用两位数字表示代号，代号与刀具半径值一一对应。刀具半径值可用 CRT/MDI 方式输入，即在设置时，D = R（R 为半径补偿偏置值）。如果用 D00 也可取消刀具半径补偿。

2）工作过程。图 4-7 ~ 图 4-9 所示为刀具半径补偿的工作过程。其中，实线表示编程轨迹；双点画线表示刀具中心轨迹；r 等于刀具半径，表示偏移向量。

①刀具半径补偿建立时，一般是直线且为空行程，以防过切。以 G42 为例，其刀具半径补偿建立如图 4-7 所示。

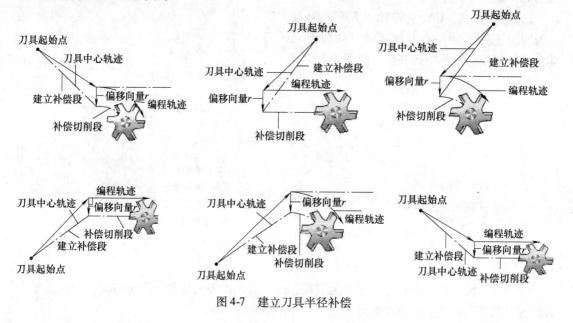

图 4-7　建立刀具半径补偿

②刀具半径补偿一般只能平面补偿，其补偿运动情况如图 4-8 所示。

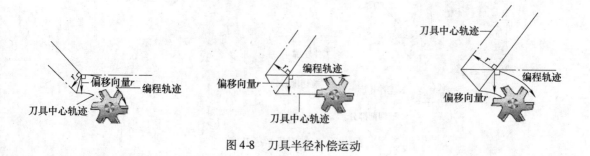

图 4-8　刀具半径补偿运动

③刀具半径补偿结束用 G40 撤销，撤销时同样要防止过切，如图 4-9 所示。

④注意：

a）建立补偿的程序段，必须是在补偿平面内不为零的直线移动。

b）建立补偿的程序段，一般应在切入工件之前完成。

c）撤销补偿的程序段，一般应在切出工件之后完成。

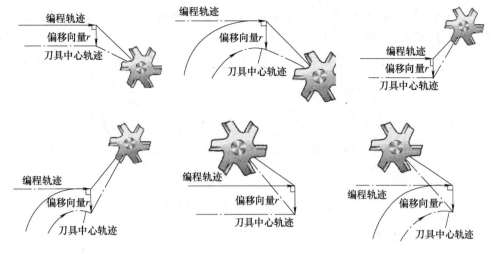

图 4-9 撤销刀具半径补偿

3）刀具半径补偿量的改变。一般刀具半径补偿量的改变，是在补偿撤销的状态下重新设定刀具半径补偿。如果在已补偿的状态下改变补偿量，则程序段的终点是按该程序段所设定的补偿量来计算的，如图 4-10 所示。

4）刀具半径补偿量的符号。一般刀具半径补偿量的符号为正，若取为负值，会引起刀具半径补偿指令 G41 与 G42 的相互转化。

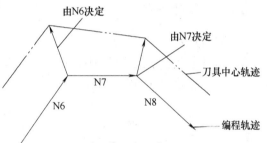

图 4-10 刀具半径补偿量的改变

5）过切。通常过切有以下两种情况：

①刀具半径大于所加工工件内轮廓转角时所产生的过切，如图 4-11 所示。

②刀具直径大于所加工沟槽时所产生的过切，如图 4-12 所示。

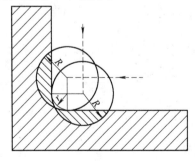

图 4-11 加工内轮廓转角

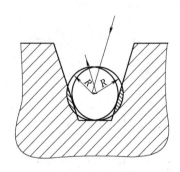

图 4-12 加工沟槽

6）刀具半径补偿的其他应用。应用刀具半径补偿指令加工时，刀具的中心始终与工件轮廓相差一个刀具半径距离。当刀具磨损或刀具重磨后，刀具半径变小，只需在刀具补偿值中输入改变后的刀具半径，而不必修改程序。在采用同一把半径为 R 的刀具，并用同一个程序进行粗、精加工时，设精加工余量为 Δ，则粗加工时设置的刀具半径补偿量为 $R+\Delta$，精加工时设置的刀具半径补偿量为 R，就能在粗加工后留下精加工余量 Δ，然后，在精加工时完成切削，运动情况如图 4-13 所示。

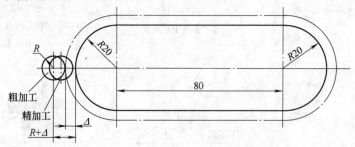

图 4-13　刀具半径补偿的应用实例

五、设备维护保养

1）工量具要摆放整齐，养成一个好的习惯。

2）安全第一，必须在老师指导下，严格按照数控机床安全操作规程，有步骤地进行。

3）严禁多人同时操作机床。

4）实训过程出现报警，要冷静对待，不能盲目处理，以免产生更严重的后果。

六、实训效果考核

1）如何判别刀具半径补偿?

2）刀具半径补偿的作用有哪些?

3）编程练习题（见图 4-14）。

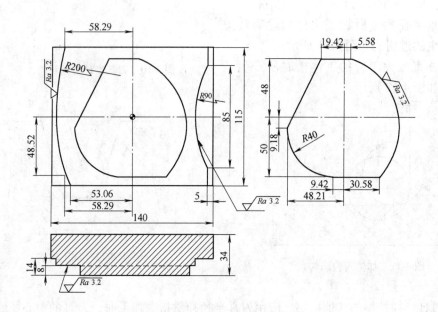

图 4-14　盖板

课题三　加工中心对刀与零件加工

一、实训目标及课时

1）了解对刀的目的。

2）掌握工件、刀具的安装方法及装刀时的注意事项。

3）掌握试对刀方法和工件坐标系设定与刀具参数的输入。

4）掌握程序调试与模拟运行加工。

5）掌握数控加工切削用量的调节。

6）掌握工件的测量，并且会通过修改刀补保证零件的加工精度。

7）实训加工（见图 4-15）。

8）需用课时：10 学时。

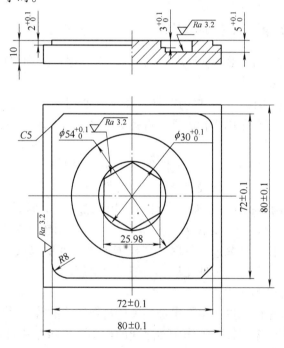

图 4-15　加工图样

二、实训设备、刀具、量具、夹具与材料

1）设备：XH714G 立式加工中心 3 台。

2）刀具：刀具清单见表 4-3。

表 4-3　刀具清单

刀具名称	刀具规格	刀具材料	数量
键槽铣刀	$\phi10mm$	高速钢	1
立铣刀	$\phi10mm$	高速钢	1
刀柄	ER32—10 弹簧夹		2

3）量具：0～150mm 游标卡尺。

4）夹具：0～200mm 机用虎钳及等高块。

5）材料：Q235 钢板。

三、安全操作要点

1）机床在试运行前必须进行图形模拟加工，避免程序错误，刀具碰撞工件或夹具，模拟加工时一定要将机床锁住。

2）对刀前和校验程序后，机床一定要先回参考点方可进行对刀或者加工。

3）对刀时工件要夹紧。在保证加工深度的前提下，刀具安装要尽量短些，并且要夹紧，以免出现"掉刀"事故。

4）在进行工件坐标系设定时，要注意 X、Y 的轴正负号。

5）试加工零件时，一定要提高警惕，将手放在"急停"按钮上，如遇到紧急情况，迅速按下"急停"按钮，防止意外事故发生。

四、实训操作步骤（含实训内容）

（1）输入加工程序　先将图 4-15 所示零件的加工程序输入到数控系统，并应在校验图形无误后方可进行下一步操作。

（2）工件装夹　在数控机床上常用的夹具类型有通用夹具、组合夹具、专用夹具、成组夹具等，在选择时要综合考虑各种因素，选择最经济、最合理的夹具。常用夹具有以下几种：

1）螺钉压板。利用 T 形槽螺栓和压板将工件固定在机床工作台上即可。装夹工件时，需根据工件装夹精度要求，用百分表等准确定位工件。

2）机用虎钳。铣削形状比较规则的零件时常用虎钳装夹，该装夹方式方便灵活，适应性广。当加工精度要求较高，需要较大的夹紧力时，可采用较高精度的机械式或液压式虎钳。虎钳在数控机床工作台上装夹工件时，要根据加工精度要求校正钳口与 X 轴或 Y 轴的平行度。夹紧工件时要注意控制工件变形和一端钳口上翘。

工件装夹时需注意以下问题：

①装夹工件时，应保证工件在本次定位装夹所需要完成的待加工面充分暴露在外，以方便加工。同时，应考虑机床主轴与工作台面之间的最小距离和刀具的装夹长度，确保在主轴的行程范围内能使工件的加工内容全部完成。

②夹具在机床工作台上的安装位置必须给刀具运动轨迹留有空间，不能和各工步刀具轨迹发生干涉。

③保证最小的工件变形。

（3）刀具的安装

1）本机床使用 BT40 刀柄，如图 4-16 所示。在装刀时，首先应确定刀柄拉钉是否安装紧固。

2）将 10mm 键槽铣刀装入 ER32—10 弹簧夹头中。注意在保证加工深度的前提下，刀具安装要尽量短一些，以保证刀具有足够的刚性，避免在加工过程中产生掉刀现象。

图 4-16　BT40 刀柄

　　3）在"手动"方式下，右手按下主轴右侧"松/紧刀"按键，使主轴松开，左手握住刀柄，将刀柄的键槽对准主轴端面槽垂直送进主轴内，然后再次按下主轴右侧"松/紧刀"按键，此时刀柄被自动夹紧。

　　4）刀柄装上后，用手转动主轴，检查刀柄是否夹紧。

　　（4）对刀操作　对刀目的是通过刀具或对刀工具确定工件坐标系与机床坐标系之间的空间位置关系，并将对刀数据输入到相应的存储位置，对刀是数控加工最重要的操作内容之一，其准确性直接影响零件的加工精度。

　　1）对刀方法。根据现有条件和加工精度要求选择对刀方法。可采用试切法对刀、寻边器对刀、机外对刀仪对刀、自动对刀等方法来进行对刀。其中，试切法对刀操作较方便，但是精度低；加工中常用寻边器和 Z 轴设定器对刀，该方法效率较高，而且可以保证对刀精度。

　　2）对刀工具。

　　①寻边器。寻边器主要用于确定工件坐标系原点在机床坐标系中的 X、Y 值，也可以测量工件的简单尺寸。

　　寻边器有偏心式和光电式等类型，其中以光电式较为常用。光电式寻边器的测头一般为 10mm 的钢球，用弹簧拉紧在光电式寻边器的测杆上，碰到工件时可以退让，并将电路导通，发出光信号，通过光电式寻边器的指示和机床坐标位置即可得到被测表面的坐标位置。

　　对刀分为 X 轴、Y 轴和 Z 轴对刀。图 4-17 所示四方零件采用寻边器对刀，其 X、Y 轴对刀详细具体步骤如下：

　　a）用手轮快速移动工作台和主轴，让寻边器测头靠近工件左侧。

　　b）调节手轮倍率，让测头慢慢接触到工件左侧，直到寻边器发光。

　　c）此时在 G54 坐标系设定画面输入"X - 45."，按"测量"键，X 轴的工件坐标系原点会自动输入到 G54 里面。同理可测得 Y 轴的工件坐标系原点。

　　②Z 轴设定器。Z 轴设定器主要用于确定工件坐标系原点在机床坐标系的 Z 轴坐标，或者说是确定刀具在机床坐标系中的 Z 轴坐标。Z 轴设定器有光电式和指针式等类型。通过光电指示或指针判断刀具与对刀器是否接触，对刀精度一般可达 0.004mm。Z 轴设定器带有磁性表座，可以牢固地附着在工件或夹具上，其高度一般为 50mm 或 100mm。Z 轴对刀操作如下：

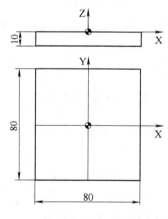

图 4-17　四方零件

　　a）卸下寻边器，将加工所用的刀具装上主轴，将 Z 轴设定器放置在工件上表面上。

　　b）快速移动主轴，让刀具端面慢慢接触到 Z 轴设定器上表面。

　　c）改用微调操作，让刀具端面慢慢接触到设定器上表面，直到其指针指示到零位。

　　d）记下此时机床坐标系中的 Z 值，如（-320.20）。

　　e）如 Z 轴设定器的高度为 50mm，那么工件坐标系原点在机床坐标系中的 Z 坐标为：-320.200 - 50 = 370.200。最后将 -370.200 输入到该把刀对应的长度补偿号里去（H01 = -370.200）。

f）同理可以对其他刀具的 Z 轴工件坐标系原点进行设定。

（5）刀具半径补偿的输入与修改　根据刀具的实际尺寸，将刀具半径补偿值和刀具长度补偿值输入到与程序对应的存储位置。

1）按下功能键![OFFSET SETTING]，系统弹出图 4-18 所示画面。

2）通过光标移动键将光标移到要设定的刀具半径补偿值的地方 D001 处，输入"5.2"，按![INPUT]键；D002 处输入"5.0"，结果如图 4-18 所示。

需注意的是补偿数据的正确性。符号的正确性及数据所在地址的正确性都会影响零件的加工，数据错误甚至会导致撞刀。

工具补正				00020　N0000
番号	形状(H)	磨耗(H)	形状(D)	磨耗(D)
001	-370.200	0.000	5.200	0.000
002	-267.040	0.000	5.000	0.000
003	-265.600	0.000	0.000	0.000
004	0.000	0.000	0.000	0.000
005	0.000	0.000	0.000	0.000
006	0.000	0.000	0.000	0.000
007	0.000	0.000	0.000	0.000
008	0.000	0.000	0.000	0.000

现在位置　（相对坐标）
　　X　-668.585　　　　Y　-269.365
　　Z　　0.000
　　　　　　　　　　　　　　　OS　50% T03
＞_
　MEM.　**** *** ***　　14:26:01
[NO检索][　][C.输入][+输入][　输入]

图 4-18　刀补表

（6）自动加工　对刀完成以后，调用该零件的加工程序（O0001），按"复位"键![RESET]→按"自动"键![自动]→按"循环启动"键![循环启动]。机床按照程序开始自动加工。加工时要注意调节进给速度和转速。

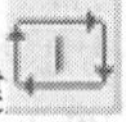

（7）零件的检测　零件加工完成后，先要对各个尺寸进行检测，如果尺寸没有达到图样的要求，还需要进行刀补的修改，并重新加工以达到图样尺寸要求，确保零件加工精度。

（8）去毛刺　零件加工完成后，需用锉刀修除毛刺，最后复检验收，零件加工完毕。

五、设备维护保养

1）对刀完成后，一定要将手轮放回原来的位置。

2）加工时要控制好切削速度和进给量，防止出现打刀现象。

3）对刀时一定要正确输入刀具的长度补偿值，防止出现撞击机床事故。

4）实训结束后，要清扫机床。清扫铁屑，擦净工作台的切削液，防止机床部件生锈。

六、实训效果考核

1）自选一个工件完成对刀操作，并写出操作步骤。

2）编写图 4-19 和图 4-20 所示零件的加工程序。

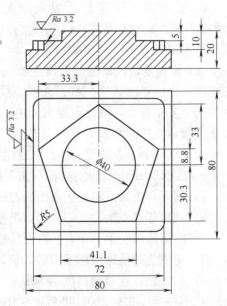

图 4-19　板

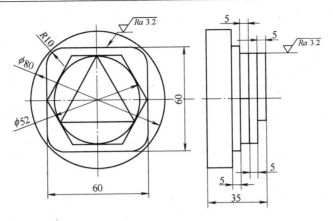

图 4-20　台阶台

课题四　内外轮廓加工

一、实训目标及课时

1）掌握轮廓加工的工艺分析和方法。

2）了解顺铣与逆铣的特点。

3）掌握手工去除余量的技能。

4）掌握进/退刀的方法与刀具的选择。

5）需用课时：6 学时。

6）实训图样如图 4-21 所示。

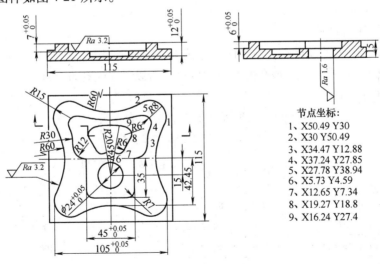

节点坐标：
1、X50.49 Y30
2、X30 Y50.49
3、X34.47 Y12.88
4、X37.24 Y27.85
5、X27.78 Y38.94
6、X5.73 Y4.59
7、X12.65 Y7.34
8、X19.27 Y18.8
9、X16.24 Y27.4

图 4-21　型腔零件

二、实训设备、刀具、量具、夹具与材料

1）设备：XH714G 加工中心 3 台。

2）刀具：刀具清单见表 4-4。

表 4-4　刀具清单

刀具名称	刀具规格	刀具材料	数量
键槽铣刀	$\phi10$mm	高速钢	1
立铣刀	$\phi10$mm	高速钢	1
刀柄	ER32—10 弹簧夹		2

3）量具：0~150mm 游标卡尺。

4）夹具：0~200mm 机用虎钳及等高块。

5）材料：Q235 钢，115mm×115mm×15mm。

三、安全操作要点

1）注意刀具从工件里面下刀时的进给速度。

2）注意该机床在加工凸圆弧和凹圆弧时进给速度分别会加速和减速，圆弧半径越小，加速越大。

3）工件装夹的厚度既要保证工件能够夹紧，又要保证有足够的加工深度。

4）掌握手工去除余量的技巧，用手轮去余量时，一定要进给的均匀，避免出现断刀发生。

四、实训操作步骤（含实训内容）

（1）制订加工工艺　该零件是内、外轮廓都需要加工，按照先粗后精、先外后内、先面后孔的工艺原则，加工工艺安排如下：

1）先粗铣外轮廓凸台，从毛坯外面下刀。

2）粗铣深 7mm 的凹槽。

3）粗铣深 12mm 的扇形槽，由于该槽比较深，可以采用分层加工。

4）粗铣 $\phi24$mm 孔，由于该孔的有效深度小，所以采用铣孔方式加工。

5）手工去除残料。

6）加工图 4-21 所示零件的工艺过程及加工参数见表 4-5。

表 4-5　工艺过程及加工参数

加工顺序	加工项目	刀具号	刀具类型	主轴转速/(r/min)	进给速度/(mm/min) Z 向	进给速度/(mm/min) XY 向	刀补号
1	粗铣外轮廓凸台	T01	键槽铣刀	600	100	100	H1\D1 = 5.2
2	粗铣深 7mm 的凹槽	T01	键槽铣刀	600	50	100	H1\D1 = 5.2
3	粗铣深 12mm 的扇形槽	T01	键槽铣刀	600	50	100	H1\D1 = 5.2
4	粗铣 $\phi24$mm 孔	T01	键槽铣刀	600	50	100	H1\D1 = 5.2
5	精铣外轮廓凸台	T02	立铣刀	800	100	100	H2\D2 = 5.0
6	精铣深 7mm 的凹槽	T02	立铣刀	800	50	100	H2\D2 = 5.0
7	精铣深 12mm 的扇形槽	T02	立铣刀	800	50	100	H2\D2 = 5.0
8	精铣 $\phi24$mm 孔	T02	立铣刀	800	50	100	H2\D2 = 5.0

（2）节点坐标计算　常用的节点计算方法有列方程求解法、三角函数法等，该零件的节点坐标已经全部给出，零件的节点坐标可以通过软件查找，避免了大量复杂的人工计算，操作方便、精度高、出错概率少。因此，这种找点方法是最近几年数控加工中最为普及的节点与基点分析方法。目前在国内常应用的软件有 AutoCAD、CAXA 电子图板和 CAXA 制造工程师等。

（3）参考程序

O0005（主程序）

T1　M98　P1000；

G54　G90　G17　G0　X0　Y0；

G43　H01　Z50.　M08；

S600　M03；

Z5.；

G0　X0　Y - 75.；

G01　Z - 5. 8　F50；

D1　M98　P0006；

G0　X0　Y - 20.；

G01　Z - 6. 8　F50；

D1　M98　P0007；

G0　X0　Y15.；

G01　Z - 6.　F50；

D1　M98　P0008；

G01　Z - 11. 8　F50；

D1　M98　P0008；

G0　X2.　Y - 15.；

G01　Z - 7. 5　F50；

D1　M98　P0009；

G01　Z - 16.　F50；

D1　M98　P0009；

G0　Z150.；

T2　M98　P1000；

G54　G90　G17　G0　X0　Y0；

G43　H02　Z50.　M08；

S900　M03；

Z5.；

G0　X0　Y - 75.；

G01　Z - 6.　F50；

D1　M98　P0006；

G0　X0　Y - 20.；

G01　Z - 7.　F50；

D1　M98　P0007;

G0　X0　Y15. ;

G01　Z – 6.　F50;

D1　M98　P0008;

G01　Z – 12.　F50;

D1　M98　P0008;

G0　X2.　Y – 15. ;

G01　Z – 16.　F50;

D1　M98　P0009;

G0　Z150. ;

M30;

O0006（加工外轮廓子程序）

G41　G01　X32. 55　Y – 75.　F100;

G03　X0　Y – 42. 45　R32. 55;

G03　X – 30.　Y – 50. 49　R60. ;

G02　X – 50. 49　Y – 30.　R15. ;

G03　X – 50. 49　Y30.　R60. ;

G02　X – 30.　Y50. 49　R15. ;

G03　X30.　Y50. 49　R60. ;

G02　X50. 49　Y30.　R15. ;

G03　X50. 49　Y – 30.　R60. ;

G02　X30.　Y – 50. 49　R15. ;

G03　X0　Y – 42. 45　R60. ;

G03　X – 32. 55　Y – 75.　R32. 55;

G40　G01　X0;

G0　Z5. ;

M99;

O0007（加工深7mm凹槽子程序）

G41　G01　X – 15.　Y – 20.　F100;

G03　X0　Y – 35.　R15. ;

G01　X15. 5　Y – 35. ;

G03　X22. 5　Y – 28.　R7. ;

G01　X22. 5　Y0;

G03　X34. 47　Y12. 88　R12. ;

G02　X37. 24　Y27. 85　R30. ;

G03　X27. 78　Y38. 94　R8. ;

G02　X – 27. 78　Y38. 94　R100. ;

G03　X – 37. 24　Y27. 85　R8. ;

G02　X – 34. 47　Y12. 88　R30. ;

G03　X－22.5　Y0　R12.；

G01　X－22.5　Y－28.；

G03　X－15.5　Y－35.　R7.；

G01　X0　Y－35.；

G03　X15.　Y－20.　R15.；

G40　G01　X0；

G0　Z5.；

M99；

O0008（加工扇形槽子程序）

G41　G01　X－10.　Y15.　F100；

G03　X0　Y5.　R10.；

G02　X5.73　Y4.59　R20.；

G03　X12.65　Y7.34　R6.；

G01　X19.27　Y18.8；

G03　X16.24　Y27.4　R6.；

G03　X－16.24　R45.；

G03　X－19.27　Y18.8　R6.；

G01　X－12.65　Y7.34；

G03　X－5.73　Y4.59　R6.；

G02　X0　Y5.　R20.；

G03　X10.　Y15.　R10.；

G40　G01　X0；

G0　Z5.；

M99；

O0009（加工 φ24mm 孔子程序）

O0009

G41　G01　X2.　Y－25.　F100

G03　X12.　Y－15.　R10.

G03　I－12.　J0

G03　X2.　Y－5.　R10.

G40　G01　Y－15.

G0　Z5.

M99；

（4）相关知识

1）顺铣/逆铣的选择。加工中心铣削时多采用顺铣，顺铣在提高加工表面质量和延长刀具寿命方面有突出的优点。但以下情况不宜采用顺铣，应采用逆铣：

①工件待加工表面有硬化层或夹砂，最好采用逆铣。因为顺铣是从工件待加工表面切入，硬化层或夹砂会导致切削刃受损，而逆铣切削刃切出工件时会将硬化层和夹砂去掉，可有效地避免切削刃磨损。

②加工非金属材料，特别是含纤维材料（如塑料、尼龙等）可采用逆铣。因为顺铣时切削刃从已加工表面切出，不能完全切断纤维，容易产生毛刺。而逆铣可将加工表面挤光，将细小的纤维挤断，从而得到比较好的加工表面效果。

③刀具长径比较大时应采用逆铣。因为长径比大的铣刀刚性较差，顺铣切入时切削力较大，铣刀刚接触待加工表面时会产生振动，切出时切削量又较小，铣刀在切削力的作用下会产生"让刀"现象。而逆铣在保证侧吃刀量较小的情况下，切出时不会引起冲击。

2）加工刀具的选择。加工外轮廓时，尽量选用立铣刀进行加工。立铣刀如图 4-22 所示，这类刀具圆柱表面和端面上都有切削刃，圆柱表面的切削刃为主切削刃，端面上的切削刃为副切削刃，它们可同时进行切削，也可以单独进行切削。立铣刀的主切削刃一般为螺旋齿，这样可以增加切削平稳性，提高加工精度。普通立铣刀由于加工的工艺需要，在端面处有一中心孔，所以不能作轴向进给。

加工内轮廓时，选用键槽铣刀进行加工。键槽铣刀如图 4-23 所示，这类铣刀一般只有两个刀齿，圆柱表面和端面上都有切削刃，端面刃延伸至中心，既像立铣刀，又像钻头。加工时先轴向进给达到深度，然后沿轮廓方向进行切削。键槽铣刀直径的精度要求较高，其偏差有 e8 和 d8 两种。重磨键槽铣刀时，只需要磨端面切削刃，重磨后铣刀直径不变。

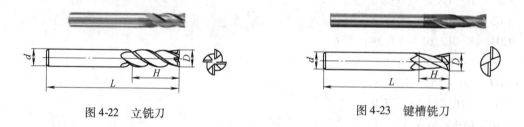

图 4-22　立铣刀　　　　　　　　　　图 4-23　键槽铣刀

3）进/退刀路线的选择。在零件加工过程中，当采用法线方式加工时，由于机床的惯性作用，常会在工件轮廓表面产生过切，形成凹坑。因此，在加工外轮廓时，应在轮廓的延长线上进行进/退刀。加工内轮廓时，由于无法在轮廓的延长线上进行进/退刀，因此常采用圆弧线进/退刀，如图 4-24 所示。

五、设备维护保养

1）正常关闭机床，并把机床清扫干净。

2）工量具使用后要摆放整齐。

3）加工的过程中要控制好进给速度，以免进给过快导致断刀。

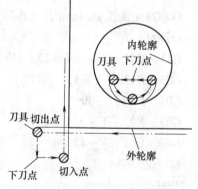

图 4-24　刀具切入与切出

六、实训效果考核

1）顺铣和逆铣各有什么优缺点？

2）简述立铣刀与键槽铣刀各有什么特点。

3）编写图 4-25 所示零件的加工程序。

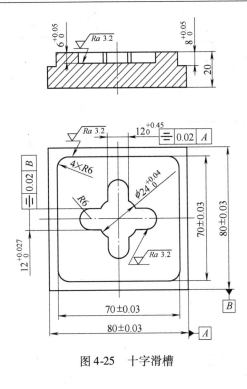

图 4-25　十字滑槽

课题五　固定循环指令编程

一、实训目标及课时

1）掌握各个固定循环指令的格式与编程方法。

2）了解各个循环指令参数的具体功能与作用。

3）掌握刚性攻螺纹方法和注意事项。

4）掌握镗孔方法和注意事项。

5）实训图样如图 4-26 所示。

6）需用课时：28 学时。

二、实训设备、刀具、量具、夹具与材料

1）设备：XH714G 加工中心 3 台。

2）刀具：刀具清单见表 4-6。

3）量具：0～150mm 游标卡尺、M10 螺纹规。

4）夹具：0～200mm 机用虎钳及等高块。

5）材料：Q235 钢。

三、安全操作要点

1）对刀时要注意每把刀的长度补偿值要与相应的刀号对应。

2）在使用循环指令时要注意切削参数、主轴转速的修改。

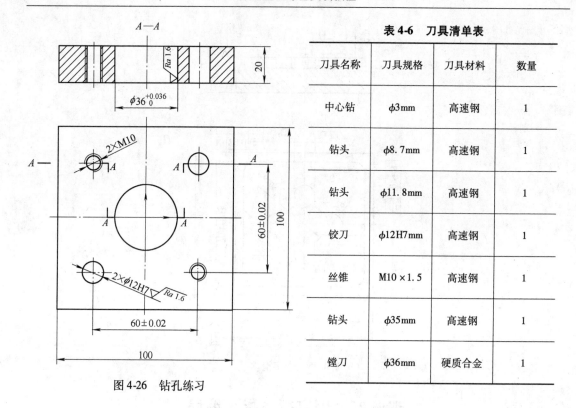

图 4-26　钻孔练习

表 4-6　刀具清单表

刀具名称	刀具规格	刀具材料	数量
中心钻	$\phi3mm$	高速钢	1
钻头	$\phi8.7mm$	高速钢	1
钻头	$\phi11.8mm$	高速钢	1
铰刀	$\phi12H7mm$	高速钢	1
丝锥	$M10\times1.5$	高速钢	1
钻头	$\phi35mm$	高速钢	1
镗刀	$\phi36mm$	硬质合金	1

3）镗孔时镗刀刀尖定位的方向要朝向刀库。

4）攻螺纹的进给速度等于转速乘以导程（螺距）。

5）编程时需注意在固定循环指令之前，必须先使用 S 和 M 代码指令主轴旋转。

6）在固定循环模式下，包含 X、Y、Z、A、R 的程序段将执行固定循环，如果一个程序段不包含上列的任何一个地址，则在该程序段中将不执行固定循环，G04 中的地址 X 除外。另外，G04 中的地址 P 不会改变孔加工参数中的 P 值。

7）孔加工参数 Q、P 必须在固定循环被执行的程序段中被指定，否则指令的 Q、P 值无效。

8）在执行含有主轴控制的固定循环（如 G74、G76、G84 等）过程中，刀具开始切削进给时，主轴有可能还没有达到指令转速。这种情况下，需要在孔加工操作之间加入 G04 暂停指令。

9）前面已经讲述过，01 组的 G 代码也起到取消固定循环的作用，所以请不要将固定循环指令和 01 组的 G 代码写在同一程序段中。

10）如果执行固定循环的程序段中指令了一个 M 代码，M 代码将在固定循环执行定位时被同时执行，M 指令执行完毕的信号在 Z 轴返回 R 点或初始点后被发出。使用 K 参数指令重复执行固定循环时，同一程序段中的 M 代码在首次执行固定循环时被执行。

11）单程序段开关置上位时，固定循环执行完 X、Y 轴定位，快速进给到 R 点及从孔底返回（到 R 点或到初始点）后，都会停止。也就是说需要按循环起动按钮三次才能完成一个孔的加工。三次停止中，前面的两次是处于进给保持状态，后面的一次是处于停止状态。

12）执行 G74 和 G84 循环时，Z 轴从 R 点到 Z 点和 Z 点到 R 点两步操作之间如果按进给保持按钮的话，进给保持指示灯立即会亮，但机床的动作却不会立即停止，直到 Z 轴返回 R 点后才进入进给保持状态。另外 G74 和 G84 循环中，进给倍率开关无效，进给倍率被固定在 100%。

四、实训操作步骤（含实训内容）

（1）制订加工工艺

1）T1 中心钻定位，钻中心孔。

2）T2 钻螺纹底孔 ϕ8.7mm 孔。

3）T3 钻铰底孔。

4）T4 钻 ϕ36mm 引导孔。

5）T5 铰孔，铰孔时要注意转速不能过高。

6）T6 攻螺纹。

7）T7 镗孔，镗孔时要先进行试镗。

8）工艺过程及加工参数见表4-7。

表 4-7　工艺过程及加工参数

加工顺序	加工项目	刀具号	刀具类型	主轴转速 /(r/min)	进给速度/(mm/min) Z 向	刀补号
1	打中心孔	T1	中心钻 ϕ3mm	1000	50	H1
2	钻螺纹底孔	T2	钻头 ϕ8.7mm	600	100	H2
3	钻铰底孔	T3	钻头 ϕ9.8mm	600	100	H3
4	钻 ϕ36mm 引导孔	T4	钻头 ϕ35mm	200	50	H4
5	铰孔	T5	铰刀 ϕ12mm	100	40	H5
6	攻螺纹	T6	丝锥 M10mm	100	150	H6
7	镗孔	T7	镗刀 ϕ36mm	2500	50	H7

（2）节点坐标　本图行结构比较简单，图形坐标可以直接从图形上查找出来，这里就不计算了。

（3）参考程序

```
O0010
T1   M98   P1000;
G54   G90   G17   G0   X0   Y0;
G43   H01   Z50.   M08;
S1000   M03;
G99   G81   X0   Y0   Z - 4.   R5.   F50;
X30.   Y30.;
X - 30.;
Y - 30.;
X30.;
```

```
G0   G80   Z150. ;
T2   M98   P1000;
G54   G90   G17   G0   X0   Y0;
G43   H02   Z50.   M08;
S600   M03;
G99   G83   X - 30.   Y30.   Z - 25.   R5.   Q5.   F100;
X30.   Y - 30. ;
X0   Y0;
G0   G80   Z150. ;
T3   M98   P1000;
G54   G90   G17   G0   X0   Y0;
G43   H03   Z50.   M08;
S600   M03;
G99   G83   X30.   Y30.   Z - 25.   R5.   Q5.   F100;
X - 30.   Y - 30. ;
G0   G80   Z150. ;
T4   M98   P1000;
G54   G90   G17   G0   X0   Y0;
G43   H04   Z50.   M08;
S200   M03;
G99   G83   X0   Y0.   Z - 30.   R5.   Q5.   F50;
G0   G80   Z150. ;
T5   M98   P1000;
G54   G90   G17   G0   X0   Y0;
G43   H05   Z50.   M08;
S100   M03;
G99   G81   X30.   Y30.   Z - 22.   R5.   F40;
X - 30.   Y - 30. ;
G0   G80   Z150. ;
T6   M98   P1000;
G54   G90   G17   G0   X0   Y0;
G43   H06   Z50.   M08;
S100   M29;
G99   G84   X - 30.   Y30.   Z - 25.   R5.   F150;
X30.   Y - 30. ;
G0   G80   Z150. ;
M03;
M00;
T7   M98   P1000;
```

G54　G90　G17　G0　X0　Y0；
G43　H07　Z50.　M08；
S2500　M03；
G99　G76　X0.　Y0.　Z－25.　R5.　Q1.　F50；
G0　G80　Z150.；
M30；

（4）相关知识

1）应用孔加工固定循环功能，可使得采用其他方法需要几个程序段完成的功能在一个程序段内完成。表4-8列出了所有的孔加工固定循环。通常一个孔加工固定循环可完成以下6步操作（见图4-27）。

表4-8　孔加工固定循环

G 代码	加工运动 （Z 轴负向）	孔底动作	返回运动 （Z 轴正向）	应用
G73	分次，切削进给	—	快速定位进给	高速深孔钻削
G74	切削进给	暂停-主轴正转	切削进给	攻左螺纹
G76	切削进给	主轴定向，让刀	快速定位进给	精镗循环
G80	—	—	—	取消固定循环
G81	切削进给	—	快速定位进给	普通钻削循环
G82	切削进给	暂停	快速定位进给	钻削或粗镗削
G83	分次，切削进给	—	快速定位进给	深孔钻削循环
G84	切削进给	暂停-主轴反转	切削进给	攻右螺纹
G85	切削进给	—	切削进给	镗削循环
G86	切削进给	主轴停	快速定位进给	镗削循环
G87	切削进给	主轴正转	快速定位进给	反镗削循环
G88	切削进给	暂停-主轴停	手动	镗削循环
G89	切削进给	暂停	切削进给	镗削循环

①X、Y 轴快速定位。
②Z 轴快速定位到 R 点。
③孔加工。
④孔底动作。
⑤Z 轴返回 R 点。
⑥Z 轴快速返回初始点。

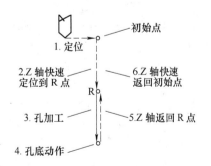

图 4-27　孔加工固定循环

对孔加工固定循环指令的执行有影响的指令主要有 G90/G91 及 G98/G99 指令。图 4-28 所示为 G90/G91 对孔加工固定循环指令的影响。G98/G99 决定固定循环在孔加工完成后返回 R 点还是起始点，G98 模态下孔加工完成后 Z 轴返回起始点；G99 模态下孔加工完成后 Z 轴返回 R 点。图中采用以下方式表示各段的进给：

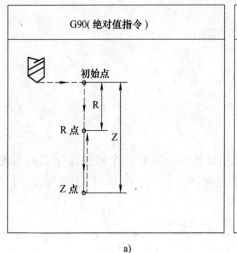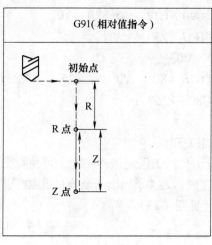

图 4-28　孔加工固定循环 G90/G91 指令

a）G90 模式　b）G91 模式

　——→表示以切削进给率运动。

　---→表示以快速进给率运动。

　通常如果被加工的孔在一个平整的平面上，可以使用 G99 指令，因为 G99 模态下返回 R 点进行下一个孔的定位，而一般编程中 R 点非常靠近工件表面，这样可以缩短零件加工时间，但如果工件表面有高于被加工孔的凸台或肋时，使用 G99 时有可能使刀具和工件发生碰撞，这时，就应该使用 G98，使 Z 轴返回初始点后再进行下一个孔的定位，这样就比较安全，如图 4-29 所示。

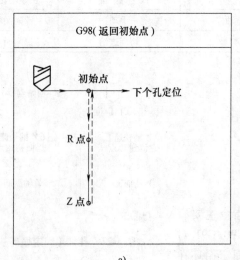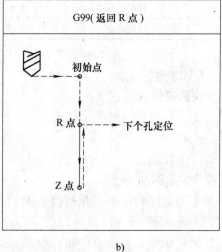

图 4-29　G98/G99 指令

a）G98 模式　b）G99 模式

在 G73/G74/G76/G81 ~ G89 后面，给出孔加工参数，格式如下：

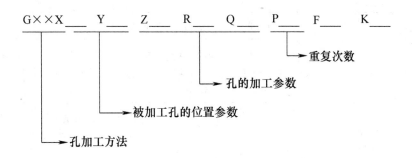

表 4-9 则说明了各地址指定的加工参数的含义。

表4-9　加工参数的含义

孔加工方式 G	准　备　功　能
被加工孔位置参数 X、Y	以增量值方式或绝对值方式指定被加工孔的位置，刀具向被加工孔运动的轨迹和速度与 G00 相同
孔加工参数 Z	在绝对值方式下指定沿 Z 轴方向孔底的位置，增量值方式下指定从 R 点到孔底的距离
孔加工参数 R	在绝对值方式下指定沿 Z 轴方向 R 点的位置，增量值方式下指定从初始点到 R 点的距离
孔加工参数 Q	用于指定深孔钻循环 G73 和 G83 中的每次进给量，精镗循环 G76 和反镗循环 G87 中的偏移量（无论 G90 或 G91 模态，总是增量值指令）
孔加工参数 P	用于孔底动作有暂停的固定循环中指定暂停时间，单位为秒
孔加工参数 F	用于指定固定循环中的切削进给速率，在固定循环中，从初始点到 R 点及从 R 点到初始点的运动以快速进给的速度进行，从 R 点到 Z 点的运动以 F 指定的切削进给速度进行，而从 Z 点返回 R 点的运动则根据固定循环的不同以 F 指定的速率或快速进给速率进行
重复次数 K	指定固定循环在当前定位点的重复次数，如果不指令 K，NC 认为 K = 1，如果指令 K = 0，则固定循环在当前点不执行

由 G×× 指定的孔加工方式是模态的，如果不改变当前的孔加工方式模态或取消固定循环的话，孔加工模态会一直保持下去。使用 G80 或 01 组的 G 指令可以取消固定循环。孔加工参数也是模态的，在被改变或固定循环被取消之前也会一直保持，即使孔加工模态被改变。人们可以在指令一个固定循环时或执行固定循环中的任何时候指定或改变任何一个孔加工参数。

重复次数 K 不是一个模态的值，它只在需要重复的时候给出。进给速率 F 则是一个模态的值，即使固定循环取消后它仍然会保持。

如果正在执行固定循环的过程中 NC 系统被复位，则孔加工模态、孔加工参数及重复次数 K 均被取消。

表 4-10 的程序示例可以帮助大家更好地理解以上所讲的内容。

表 4-10　程序示例

序号	程序内容	注　释
1	S ___ M03；	给出转速，并指令主轴正向旋转
2	G81　X __ Y __ Z __ R __ F __ K __；	快速定位到 X、Y 指定点，以 Z、R、F 给定的孔加工参数，使用 G81 给定的孔加工方式进行加工，并重复 K 次，在固定循环执行的开始，Z、R、F 是必要的孔加工参数
3	Y __；	X 轴不动，Y 轴快速定位到指令点进行孔的加工，孔加工参数及孔加工方式保持序号 2 中的模态值。序号 2 中的 K 值在此不起作用
4	G82　X __ P __ K __；	孔加工方式被改变，孔加工参数 Z、R、F 保持模态值，给定孔加工参数 P 的值，并指定重复 K 次
5	G80　X __ Y __；	固定循环被取消，除 F 以外的所有孔加工参数被取消
6	G85　X __ Y __ Z __ R __ P __；	由于执行 5 时固定循环已被取消，所以必要的孔加工参数除 F 之外必须重新给定，即使这些参数和原值相比没有变化
7	X __ Z __；	X 轴定位到指令点进行孔的加工，孔加工参数 Z 在此程序段中被改变
8	G89　X __ Y __；	定位到 X、Y 指令点进行孔加工，孔加工方式被改变为 G98。R、P 由 6 指定，Z 由 7 指定
9	G01　X __ Y __；	固定循环模态被取消，除 F 外所有的孔加工参数都被取消

　　当加工在同一条直线上的等分孔时，可以在 G91 模式下使用 K 参数，K 的最大取值为 9999。

　　G91　G81　X __ Y __ Z __ R __ F __ K5；

　　以上程序段中，X、Y 给定了第一个被加工孔和当前刀具所在点的距离，各被加工孔的位置如图 4-30 所示。

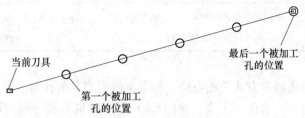

当前刀具

第一个被加工
孔的位置

最后一个被加工
孔的位置

图 4-30　各被加工孔的位置

　　2）下面将依次图示并讲解每个固定循环的执行过程。

　　①G73（高速深孔钻削循环）。在高速深孔钻削循环中，从 R 点到 Z 点的进给是分段完成的，每段切削进给完成后 Z 轴向上抬起一段距离，然后再进行下一段的切削进给，Z 轴每次向上抬起的距离为 d，由 531# 参数给定，每次进给的深度由孔加工参数 Q 给定。该固定循环主要用于径深比小的孔（如 $\phi5mm$，深 70mm）孔的加工，每段切削进给完毕后 Z 轴抬起的动作起到了断屑的作用。高速深孔钻削循环 G98/G99 指令如图 4-31 所示。

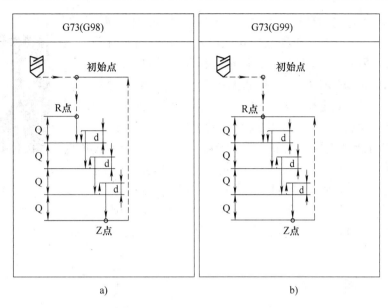

图 4-31　高速深孔钻削循环 G98／G99 指令

a) G98 模式　b) G99 模式

②G76（精镗循环）。X、Y 轴定位后，Z 轴快速运动到 R 点，再以 F 给定的速度进给到 Z 点，然后主轴定向并向给定的方向移动一段距离，再快速返回初始点或 R 点，返回后，主轴再以原来的转速和方向旋转。在这里，孔底的移动距离由孔加工参数 Q 给定，如图 4-33 所示，Q 始终应为正值，移动的方向由 2#机床参数的 4、5 两位给定。在使用该固定循环时，应注意孔底移动的方向是使主轴定向后，刀尖离开工件表面的方向，这样退刀时便不会划伤已加工好的工件表面，可以得到较好的加工精度和表面粗糙度。精镗循环 G98／G99 指令如图 4-32 所示。

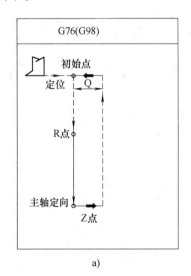 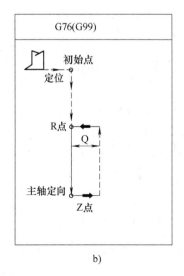

图 4-32　精镗循环 G98／G99 指令

a) G98 模式　b) G99 模式

③G80（取消固定循环）。G80 指令被执行以后，固定循环（G73、G74、G76、G81～G89）被该指令取消，R 点和 Z 点的参数以及除 F 外的所有孔加工参数均被取消。另外的 G0 和 G01 代码也会起到同样的作用。

④G81（钻削循环）。G81 是最简单的固定循环，它的执行过程如图 4-34 所示：X、Y 定位，Z 轴快进到 R 点，以 F 速度进给到 Z 点，快速返回初始点（G98）或 R 点（G99），没有孔底动作。

⑤G83（深孔钻削循环）。和 G73 指令相似，G83 指令下从 R 点到 Z 点的进给也是分段完成的，和 G73 指令不同的是，每段进给完成后，Z 轴返回的是 R 点，然后以快速进给速率运动到距离下一段进给起点上方 d 的位置开始下一段进给运动。每段进给的距离由孔加工参数 Q 给定，Q 始终为正值，d 的值由 532#机床参数给定，如图 4-35 所示。

图 4-33　定向偏移

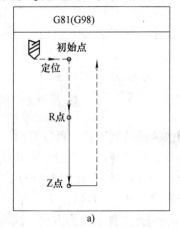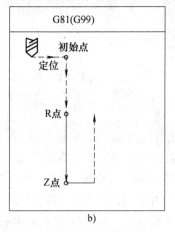

图 4-34　钻削循环 G98/G99 指令
a) G98 模式　b) G99 模式

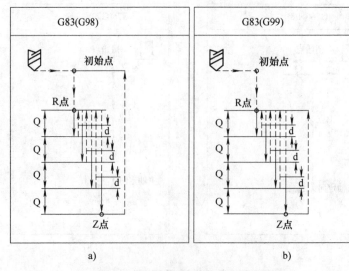

图 4-35　深孔钻削循环 G98/G99 指令
a) G98 模式　b) G99 模式

⑥G84（攻螺纹循环）。G84指令用于切削右旋螺纹孔，向下切削时主轴正转，孔底动作是由正转变反转，再退出。F为导程，在G84螺纹切削期间速率修正无效，移动将不会中途停顿，直到循环结束。攻螺纹循环G98/G99指令如图4-36所示。

⑦G87（反镗削循环）。G87循环中，X、Y轴定位后，主轴定向，X、Y轴向指定方向移动由加工参数Q给定的距离，以快速进给速度运动到孔底（R点），X、Y轴恢复原来的位置，主轴以给定的速度和方向旋转，Z轴以F给定的速度进给到Z点，然后主轴再次定向，X、Y轴向指定方向移动由加工参数Q指定的

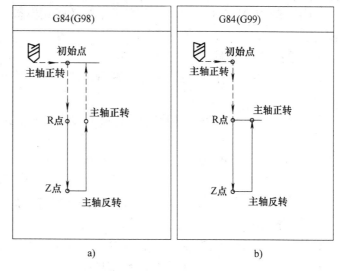

图4-36　攻螺纹循环G98/G99指令
a) G98模式　b) G99模式

距离，以快速进给速度返回初始点，X、Y轴恢复定位位置，主轴开始旋转。

该固定循环用于图4-37所示的孔的加工。该指令不能使用G99，注意事项同G76。

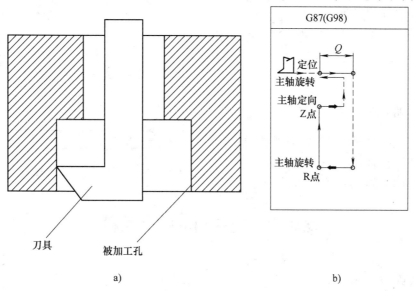

图4-37　反镗削循环
a) 反镗孔　b) G99模式

⑧刚性攻螺纹方式。在攻螺纹循环G84或反攻螺纹循环G74的前一程序段指令为M29 S××××，则机床进入刚性攻螺纹模态。NC执行到该指令时，主轴停止，然后主轴正转指示灯亮，表示进入刚性攻螺纹模态，其后的G74或G84循环被称为刚性攻螺纹循环。由于刚性攻螺纹循环中，主轴转速和Z轴的进给严格成比例同步，因此可以使用刚性夹持

的丝锥进行螺纹孔的加工，并且还可以提高螺纹孔的加工速度，以提高加工效率。

　　使用 G80 和 01 组 G 代码都可以解除刚性攻螺纹模态，另外复位操作也可以解除刚性攻螺纹模态。

　　使用刚性攻螺纹循环需注意以下事项：

　　a）G74 或 G84 中指令的 F 值与 M29 程序段中指令的 S 值的比值（F/S）即为螺纹孔的螺距值。

　　b）S××××必须小于 0617 号参数指定的值，否则执行固定循环指令时会出现编程报警。

　　c）F 值必须小于切削进给的上限值 4000mm/min 即参数 0527 的规定值，否则将出现编程报警。

　　d）在 M29 指令和固定循环的 G 指令之间不能有 S 指令或任何坐标运动指令。

　　e）不能在攻螺纹循环模态下指令 M29。

　　f）不能在取消刚性攻螺纹模态后的第一个程序段中执行 S 指令。

　　g）不要在试运行状态下执行刚性攻螺纹指令。

五、设备维护保养

　　1）正常关闭机床，并把机床清扫干净。

　　2）工量具使用后要摆放整齐。

　　3）对刀时一定要注意每把刀的长度补偿值，以免补偿值输入错误导致机床和刀具受损。

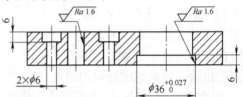

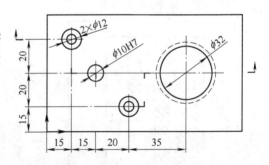

图 4-38　钻孔板

六、实训效果考核

　　1）简述刚性攻螺纹时要注意哪些问题。

　　2）简述镗孔时要注意哪些问题。

　　3）编写图 4-38 所示零件的程序。

课题六　特殊功能指令编程

一、实训目标及课时

　　1）掌握镜像功能指令的格式与编程方法。

　　2）掌握旋转功能指令的格式与编程方法。

　　3）掌握极坐标功能指令的格式与编程方法。

　　4）了解各个功能指令参数的具体功能与作用。

　　5）了解各种刀具加工钢件的切削参数。

　　6）实训，图样如图 4-39 所示。

　　7）需用课时：28 学时。

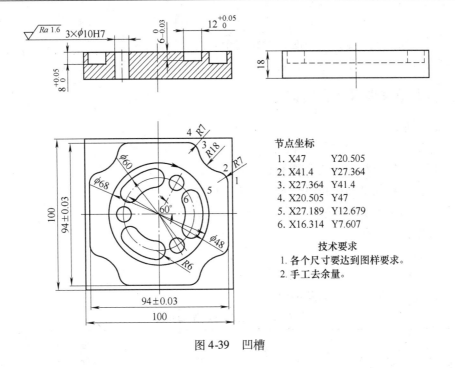

图 4-39　凹槽

节点坐标
1. X47　　Y20.505
2. X41.4　Y27.364
3. X27.364　Y41.4
4. X20.505　Y47
5. X27.189　Y12.679
6. X16.314　Y7.607

技术要求
1. 各个尺寸要达到图样要求。
2. 手工去余量。

二、实训设备、刀具、量具、夹具与材料

1）设备：XH714G 加工中心 3 台。

2）刀具：刀具清单见表 4-11。

表 4-11　刀具清单

刀具名称	刀具规格	刀具材料	数　量
键槽铣刀	$\phi 10$mm	高速钢	1
立铣刀	$\phi 10$mm	高速钢	1
中心钻	$\phi 3$mm	高速钢	1
钻头	$\phi 9.8$mm	高速钢	1
铰刀	$\phi 10H7$mm	高速钢	1

3）量具：0～150mm 游标卡尺、$\phi 10H7$mm 检棒、0～50mm 深度尺。

4）夹具：0～200mm 机用虎钳及等高块。

5）材料：Q235 钢，100mm × 100mm × 18mm。

三、安全操作要点

1）在保证刀具加工深度的前提下，键槽铣刀应尽量安装短一些，以保证刀具有足够的刚性。因为键槽铣刀是粗加工刀具，铣削力较大，安装过长容易使刀具折断。

2）加工钢件一定要控制好加工速度和切削用量（特别是该机床在加工凸圆弧时会加速，在加工凹圆弧时会减速），以免突然速度过快而导致断刀。

3）机床在执行自动换刀时，不能操作机械面板上的任何按钮，否则会使机床出现卡刀情况。

4）在机床操作或在零件加工时，严禁两个人同时操作。

5）在对刀建立工件坐标系时，要遵循"X轴左负右正，Y轴前负后正"原则。

四、实训操作步骤（含实训内容）

（1）制订加工工艺

1）先用键槽铣刀粗加工凹槽和圆凸台。

2）再用键槽铣刀粗加工三个腰子槽。

3）用立铣刀精加工凹槽和圆凸台，保证尺寸精度。

4）用立铣刀精加工腰子槽保证尺寸精度。

5）中心钻钻中心孔。

6）钻头钻孔。

7）铰刀铰孔。

8）工艺过程及加工参数见表4-12。

表4-12　工艺过程及加工参数

加工顺序	加工项目	刀具号	刀具类型	主轴转速 /(r/min)	进给速度 /(mm/min)		刀补号
					XY 向	Z 向	
1	键槽铣刀粗加工凹槽和圆凸台	T1	φ10mm 键槽铣刀	600	100	50	H1 D1 = 5.2
2	键槽铣刀粗加工三个腰子槽	T1	φ10mm 键槽铣刀	600	100	50	H1 D1 = 5.2
3	立铣刀精加工凹槽和圆凸台	T2	φ10mm 立铣刀	800	100	100	H2 D2 = 5.0
4	立铣刀精加工三个腰子槽	T2	φ10mm 立铣刀	800	100	100	H2 D2 = 5.0
5	钻中心孔	T3	φ3mm 中心钻	1000	—	50	H3
6	钻孔	T4	φ9.8mm 钻头	600	—	100	H4
7	铰孔	T5	φ10H7mm 铰刀	100	—	50	H5

（2）计算节点坐标。由于该零件的坐标点已经全部给出，所以无需计算，直接按照坐标编程就可以。

（3）参考程序

O0011(主程序)

T1　M98　P1000；

G54　G90　G17　G0　X0　Y0；

G43　H01　Z50.　M08；

S600　M03；

Z5.；

G0　X40.5　Y0；

G01　Z－7.8　F50；

D1　M98　P0012；

G0　X24.　Y0；

```
G01   Z - 5.8   F50;
D1    M98    P0013;
G68   X0    Y0    R - 120. ;                              坐标系旋转建立
G0    X24.   Y0;
G01   Z - 5.8   F50;
D1    M98    P0013;
G69;                                                     坐标系旋转取消
G68   X0    Y0    R - 240. ;                              坐标系旋转建立
G0    X24.   Y0;
G01   Z - 5.8   F50;
D1    M98    P0013;
G69;                                                     坐标系旋转取消
G0    Z150. ;
T2    M98    P1000;
G54   G90   G17   G0   X0   Y0;
G43   H02   Z50.   M08;
S800   M03;
Z5. ;
G0    X40.5   Y0;
G01   Z - 8.   F50;
D2    M98    P0012;
G0    X24.   Y0;
G01   Z - 6.   F50;
D2    M98    P0013;
G68   X0    Y0    R - 120. ;                              坐标系旋转建立
G0    X24.   Y0;
G01   Z - 6.   F50;
D2    M98    P0013;
G69;                                                     坐标系旋转取消
G68   X0    Y0    R - 240. ;                              坐标系旋转建立
G0    X24.   Y0;
G01   Z - 6.   F50;
D2    M98    P0013;
G69;                                                     坐标系旋转取消
G0    Z150. ;
T3    M98    P1000;
G54   G90   G17   G0   X0   Y0;
G43   H03   Z50.   M08;
S1000   M03;
```

G16;　　　　　　　　　　　　　　　　　　极坐标建立

G99　G81　X24.　Y60.　Z－3.　R5.　F50;

Y180.;

Y300.;

GG80　Z150.;

G15;　　　　　　　　　　　　　　　　　　极坐标取消

T4　M98　P1000;

G54　G90　G17　G0　X0　Y0;

G43　H04　Z50.　M08;

S600　M03;

G16;　　　　　　　　　　　　　　　　　　极坐标建立

G99　G83　X24.　Y60.　Z－24.　R5.　Q5.　F100;

Y180.;

Y300.;

GG80　Z150.;

G15;　　　　　　　　　　　　　　　　　　极坐标取消

T5　M98　P1000;

G54　G90　G17　G0　X0　Y0;

G43　H05　Z50.　M08;

S100　M03;

G16;　　　　　　　　　　　　　　　　　　极坐标建立

G99　G81　X24.　Y60.　Z－21.　R5.　F50;

Y180.;

Y300.;

GG80　Z150.;

G15;　　　　　　　　　　　　　　　　　　极坐标取消

M30;

O0012(加工凹槽凸台子程序)

G41　G01　X40.5　Y－6.5　F100;

G03　X47.　Y0　R6.5;

G01　Y20.505;

G03　X41.4　Y27.364　R7.;

G02　X27.364　Y41.4　R18.;

G03　X20.505　Y47.　R7.;

G01　X－20.505;

G03　X－27.364　Y41.4　R7.;

G02　X－41.4　Y27.364　R18.;

G03　X－47.　Y20.505　R7.;

G01　Y－20.505;

```
G03    X－41.4    Y－27.364    R7. ;
G02    X－27.364    Y－41.4    R18. ;
G03    X－20.505    Y－47.    R7. ;
G01    X20.505 ;
G03    X27.364    Y－41.4    R7. ;
G02    X41.4    Y－27.364    R18. ;
G03    X47.    Y－20.505    R7. ;
G01    Y0 ;
G03    X34.    Y0    R6.5 ;
G02    I－34. ;
G03    X40.5    Y－6.5    R6.5 ;
G40    G01    Y0 ;
G0    Z5. ;
M99 ;
O0013（加工腰子槽子程序）
G41    G01    X24.    Y－6.    F100 ;
G03    X30.    Y0    R6. ;
G03    X27.189    Y12.679    R30. ;
G03    X16.314    Y7.607    R6. ;
G02    Y－7.0607    R18. ;
G03    X27.189    Y－12.679    R6. ;
G03    X30.    Y0    R30. ;
G03    X24.    Y6.    R6. ;
G40    G01    Y0 ;
G0    Z5. ;
M99 ;
```

（4）相关知识

1）铣削用量的选择。铣削用量（见图4-40）包括铣削速度（v_c）、进给量（f）、铣削背吃刀量（a_p）和铣削宽度（a_e）。合理选择铣削用量，有利于提高生产率，改善加工件的表面质量和加工精度。

在实际生产过程中，切削用量一般根据经验并通过查表的方式来进行选取，常用材料切削用量的推荐值见表4-13。

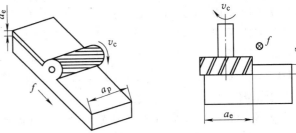

图4-40　刀具铣削用量

2）切削液的选择。切削液主要分为水基切削液和油基切削液两类。水基切削液主要成分是水、化学合成水和乳化液，冷却能力强。油基切削液主要成分是各种矿物油、动物油、植物油或由它们组成的复合油，并可添加各种添加剂，因此其润滑能力突出。

表 4-13　常用钢件材料切削用量的推荐值

刀具名称	刀具材料	切削速度 /（m/min）	进给量 /（mm/r）	背吃刀量 /mm	铣削速度 /mm
中心钻	高速钢	20 ~ 40	0.05 ~ 0.10	—	0.5D
麻花钻	高速钢	20 ~ 40	0.15 ~ 0.25		0.5D
	硬质合金	40 ~ 60	0.05 ~ 0.20		0.5D
扩孔钻	硬质合金	45 ~ 90	0.05 ~ 0.40	—	≤2.5
机用铰刀	硬质合金	6 ~ 12	0.3 ~ 1	0.10 ~ 0.30	
机用丝锥	硬质合金	6 ~ 12	P	—	0.5P
粗镗刀	硬质合金	80 ~ 250	0.10 ~ 0.50	0.5 ~ 2.0	—
精镗刀	硬质合金	80 ~ 250	0.05 ~ 0.30	0.3 ~ 1	
立铣刀或 键槽铣刀	硬质合金	80 ~ 250	0.10 ~ 0.40	1.5 ~ 3.0	0.7D ~ 1D
	高速钢	20 ~ 40	0.10 ~ 0.40	≤0.8D	0.7D ~ 1D
盘铣刀	硬质合金	80 ~ 250	0.5 ~ 1.0	1.5 ~ 3.0	0.6D ~ 0.8D
球头铣刀	硬质合金	80 ~ 250	0.2 ~ 0.6	0.5 ~ 1.0	—
	高速钢	20 ~ 40	0.10 ~ 0.4	0.5 ~ 1.0	—

　　粗加工或半精加工时，切削热量大，因此，切削液的作用应以冷却、散热为主。精加工时，为了获得良好的已加工表面质量，切削液应以润滑为主。

　　硬质合金刀具的耐热性能好，一般可不用切削液。如果要使用切削液，一定要采用连续冷却方法进行。

　　3）镜像功能指令（G51.1、G50.1）。镜像功能指令多用于零件上有相互对称的几何图形，这样可以把图形单元编成一个子程序，然后通过用主程序的镜像功能指令调用子程序。

　　镜像指令格式：

G17/G18/G19	G51.1	X0	关于 Y 轴镜像
G17/G18/G19	G51.1	Y0	关于 X 轴镜像
G17/G18/G19	G51.1	X0　Y0	关于 X、Y 轴镜像
G17/G18/G19	G50.1	X0	取消 Y 轴镜像
G17/G18/G19	G50.1	Y0	取消 X 轴镜像
G17/G18/G19	G50.1	X0　Y0	取消 X、Y 轴镜像

　　关于镜像功能指令的几点说明：

　　①对 X 轴和 Y 轴镜像可由 M 功能指令指定（本机床为 M21、M22、M23），为使镜像功能有效，需将系统的镜像功能接通。镜像功能接通可由 offset-setting 设定，也可由参数（NO：0012）0 设定。

　　②镜像功能还可由 G 代码指定（G51.1：设置镜像，G50.1：取消镜像），当 M 功能和 G 代码同时指定时，G 代码优先。

　　③只对 X 轴或 Y 轴镜像时，表 4-14 中的指令将与源程序相反。

表 4-14　指令说明

指　令	说　明
圆弧指令	G02 与 G03 互换（顺时针圆弧与逆时针圆弧互换）
刀具半径补偿指令	G41 与 G42 互换（左刀补与右刀补互换）
坐标旋转	旋转方向互换（顺时针与逆时针互换）

注：同时对 X 轴和 Y 轴镜像时，圆弧指令、刀具半径补偿指令、坐标旋转均不改变。

　　镜像功能从图 4-41 中可以看出，轮廓加工时，镜像将原本顺铣的加工路线（第Ⅰ象限）变为逆铣（第Ⅱ或Ⅳ象限），两者加工质量有一定差异，且顺铣与逆铣受力情况不同、"让刀"不同，对精度加工尺寸影响较大，所以轮廓加工或区域精加工时很少采用镜像功能。镜像较适合对称孔的加工。

　　④镜像功能使用完成后，必须取消镜像。

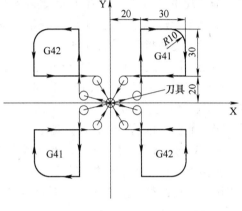

图 4-41　镜像

　　⑤G90 模式下使用镜像功能时必须从原点或对称点开始加工，取消镜像也要回到坐标原点或对称点。

　　⑥参考程序：

O0014（主程序）

G54　G90　G17　G0　X0　Y0；

G43　H01　Z50.；

S600　M03；

Z5.；

G01　Z－5.　F50；

D1　M98　P0015；

G51.1　X0；　　　　　　　　Y 轴镜像

G01　Z－5.　F50；

D1　M98　P0015；

G50.1　X0；

G51.1　X0　Y0；　　　　　　X、Y 轴镜像

G01　Z－5.　F50；

D1　M98　P0015；

G50.1　X0　Y0；

G51.1　Y0；　　　　　　　　X 轴镜像

G01　Z－5.　F50；

D1　M98　P0015；

G50.1　Y0；

G0　Z150.；

M30；

O0015；　　　　　　　　　　子程序

G41　G01　X20.　Y10　F100；

G01　Y50.；

X40.；

G02　X50.　Y40.　R10.；

G01　Y20.；

X10.；

G40　G01　X0　Y0；

G0　Z5.；

M99；

4）坐标系旋转指令（G68、G69）。编程形状能够旋转，用旋转指令可将工件坐标系旋转某一指定角度（见图4-42）；另外，如果工件的形状由许多相同的图形组成，则可将图形单元编成一个子程序，然后用主程序的旋转指令调用子程序，这样可简化编程，减少存储空间。

坐标系旋转指令建立：G17/G18G/G19　G68　X ＿ α　Y ＿ β　R ＿

坐标系旋转指令取消：G69

关于坐标系旋转 G68 和 G69 指令说明：

G17、G18、G19 是平面选择代码，其中包含旋转的形状；但是，要注意 G17、G18、G19 平面选择代码不能在坐标系旋转方式中指定。

α、β 表示 X 轴、Y 轴和 Z 轴中的两个轴的绝对坐标指令，在 G68 后面指定旋转中心。

R 为角度位移，正值表示逆时针旋转，负值表示顺时针旋转。

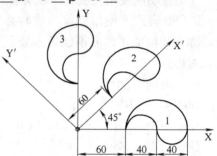

图 4-42　坐标旋转

当 α、β 在编程时未指定，则默认 G68 程序段的刀具位置是旋转中心。

G69 可以指定在其他任意指令的程序段中。

指定的角度位移是绝对值还是增量值，取决于指定的 G 代码（G90 或 G91）。

参考程序：

O0016　　　　　　　　　　　　　　　　主程序

G54　G90　G17　G0　X0　Y0；

G43　H01　Z50.；

S600　M03；

Z5.；

G01　Z － 5.　F50；

M98　P0017；

G68　X0　Y0　R45.；

M98　P0017；

G68　X0　Y0　R90.；

M98　P0017；

G0　Z150.；

G69；

M30；

O0017；　　　　　　　　　　　　　　子程序

G41　G01　X60.　Y － 5.　D01　F100；

Y0；

G02　X140.　Y0　R40.；

G02　X100.　Y0　R20.；

G03　X60.　Y0　R20.；

G01　Y－5.；

G40　G01　X0　Y0；

M99；

5）极坐标。FANUC 系统编程时可用极坐标描述运动轨迹。极坐标由半径和角度构成，半径均为正值，角度逆时针为正、顺时针为负。极坐标指令多用于钻孔加工。

极坐标指令建立格式：

G17/G18/G19　G16　X ＿＿　Y ＿＿

极坐标指令取消格式：G15

注：X 表示半径；Y 表示角度。

如图 4-43 所示的加工，编写极坐标程序如下：

G17　G90　G16；

G0　X135.　Y39.；

G03　X135.　Y64.　R135.；

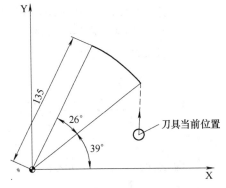

图 4-3　极坐标

五、设备维护保养

1）正常关闭机床，并把机床清扫干净。

2）工量具使用后要摆放整齐。

3）加工钢件时要注意切削用量、进给速度等，以免出现吃刀量过大导致断刀。

4）必须确认工件夹紧、程序正确后，才能自动加工，严禁工件转动时测量、触摸工件。

5）操作中若出现工件跳动、抖动、异常声音等情况时，必须立即停车处理。

六、实训效果考核

试用坐标系旋转功能编制图 4-44 所示零件的加工程序。

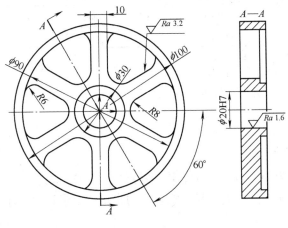

图 4-44　手轮

课题七　宏程序编程与零件加工

一、实训目标及课时

1）了解宏程序中宏变量及循环语句概念。

2）熟练应用三角函数和椭圆参数方程。

3）掌握该零件的程序编制。

4）能够熟练地对机床进行各种操作。

5）掌握宏程序加工的切削参数。

6）实训，图样如图4-45和图4-46所示。

7）需用课时：28学时。

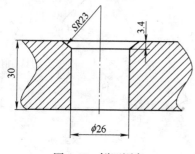

图4-45　倒凹圆角

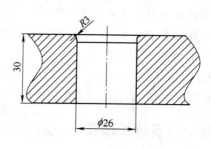

图4-46　倒凸圆角

二、实训设备、刀具、量具、夹具与材料

1）设备：XH714G加工中心3台。

2）刀具：刀具清单见表4-15。

表4-15　刀具清单

刀具名称	刀具规格	刀具材料	数　　量
键槽铣刀	φ10mm	高速钢	1
立铣刀	φ10mm	高速钢	1

3）量具：0~150mm游标卡尺。

4）夹具：0~200mm机用虎钳及等高块。

5）材料：Q235钢。

三、安全操作要点

1）对刀。加工图7-45所示零件时，Z轴零点应设置在球心上。

2）为了获得表面光滑的曲面质量，宏程序的步距应尽量设置得小一些（一般为0.02~0.1mm）。

3）宏程序输入时要注意格式，校验程序时要将机床锁住。

4）铣削 $\phi26mm$ 底孔时，Z 向背吃刀量不能过大，（一般为 $0.8D$）。

四、实训操作步骤（含实训内容）

（1）制订加工工艺

1）用 $\phi10mm$ 键槽铣刀分层加工 $\phi26mm$ 孔。

2）用 $\phi10mm$ 立铣刀加工 $SR23mm$ 凹圆角和 $R3mm$ 凸圆角。

3）工艺过程及加工参数见表 4-16。

表 4-16　工艺过程及加工参数

加工顺序	加工项目	刀具号	刀具类型	主轴转速 /(r/min)	进给速度 /(mm/min)		刀补号
					XY 向	Z 向	
1	键槽铣刀加工 $\phi26mm$ 孔	T1	键槽铣刀 $\phi10mm$	600	100	50	H1 D1 = 5.0
2	立铣刀加工 $SR23mm$ 凹圆角和 $R3mm$ 凸圆角	T2	立铣刀 $\phi10mm$	1000	1500	100	H2

（2）加工中心操作

1）正常开动机床。

2）机床回原点。

3）熟悉菜单与控制面板。

4）程序编辑与修改。

5）工件坐标系的建立。

6）工件的装夹与找正。

7）零件加工程序的校验。

8）零件的试切。

（3）节点计算　图 4-45 所示零件是以 Z 向坐标作为变量，所以这里需要求出#1 的长度（见图 4-47）。根据勾股定理可得

$#2 = \sqrt{23^2 - 13^2}mm = 18.97mm$

$#1 = #2 - 3.4 = 18.97mm - 3.4mm = 15.57mm$

（4）参考程序

O0018;　　　　　　　　　　图 7-45 加工程序

T1　M98　P1000;

G54　G90　G17　G0　X0　Y0;

G43　H01　Z50.;

S600　M03;

Z5.;

#1 = 0;

WHILE[#1GE-30]DO1;

G01　Z[#1]　F50;　　　　分层加工

G41　G01　X13.　D1　F100;

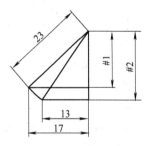

图 4-47　凹圆角变量示意图

```
G02　I - 13. ;
G40　G01　X0　Y0 ;
#1 = #1 - 10 ;
END1 ;
G0　Z150. ;
T2　M98　P1000 ;
G54　G90　G17　G0　X0　Y0 ;
G43　H02　Z50. ;
S1500　M03 ;
Z - 10. 49 ;
#2 = - 18. 97 ;
WHILE[ #2 LE - 15. 57] DO1 ;
#3 = SQRT[ 23 ∗ 23 - #2 ∗ #2] ;
#4 = #3 - 5 ;
G01　Z[ #2]　F100 ;
X[ #4]　Y0　F1500 ;
G03　I[ - #4] ;
#2 = #2 + 0. 05 ;
END1 ;
G0　Z150. ;
M30 ;
O0019 ;　　　　　　　　　图 4-46 加工程序
T1　M98　P1000 ;
G54　G90　G17　G0　X0　Y0 ;
G43　H01　Z50. ;
S600　M03 ;
Z5. ;
#1 = 0 ;
WHILE[ #1 GE - 30] DO1 ;
G01　Z[ #1]　F50 ;　　　　　分层加工如图 4-48 所示
G41　G01　X13.　D1　F100 ;
G03　I - 13. ;
G40　G01　X0　Y0 ;
#1 = #1 - 10 ;
END1 ;
G0　Z150. ;
T2　M98　P1000 ;
G54　G90　G17　G0　X0　Y0 ;
G43　H02　Z50. ;
```

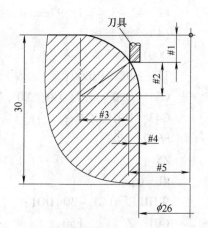

图 4-48　凸圆角变量示意图

```
S1500   M03;
Z5. ;
#1 = -3;
WHILE[#1LE0]DO1;
#2 = 3 + #1;
#3 = SQRT[3 * 3 - #2 * #2];
#4 = 3 - #3;
#5 = 13 + #4 - 5;
G01   Z[#1]   F100;
X[#5]   Y0;
G03   I[ - #5];
#1 = #1 + 0. 05;
END1;
G0   Z150. ;
M30;
```

（5）相关知识

1）熟悉宏程序赋值与变量、变量的表示方法、变量的引用、变量的类型等。

①赋值的定义：赋值是指将一个数据赋予一个变量，例如，#1 = 0，就表示#1 的值是为 0。#1 代表一个变量；"#"是变量符号；0 就是给变量赋的值。在这里"="是赋值符号，起语句定义作用。

②变量：在常规的主程序和子程序内，总是将一个具体的数值赋予一个地址。为了使程序更具通用性）更加灵活，在宏程序中设置了变量，即将变量赋予一个地址。

③变量的表示方法：变量可以用"#"号和跟随其后的变量序号来表示：#i（i = 1，2，3…）。例如，#5，#109，#501。

④变量的引用：将跟随在一个地址后的数值用一个变量来代替，即引入了变量。例如，对于 F#103，若#103 = 50 时，则为 F50；对于 Z - #110，若#110 = 100 时，则 Z 为 - 100；对于 G#130，若#130 = 3 时，则为 G03。

⑤变量的类型。数控系统的变量分为公共变量和系统变量两类。

a）公共变量。公共变量是在主程序和主程序调用的各用户宏程序内公用的变量。也就是说，在一个宏指令中的#i 与在另一个宏指令中的#i 是相同的。

公共变量的序号为：#100 ~ #131；#500 ~ #531。其中#100 ~ #131 公共变量在电源断电后即清零，重新开机时被设置为"0"。#500 ~ #531 公共变量即使断电后，它们的值也保持不变，因此也称为保持型变量。

b）系统变量。系统变量定义为有固定用途的变量，它的值决定系统的状态。系统变量包括刀具偏置变量，接口的输入/输出信号变量，位置信息变量等。

系统变量的序号与系统的某种状态有严格的对应关系。例如，刀具偏置变量序号为#01 ~ #99，这些值可以用变量替换的方法加以改变，在序号 1 ~ 99 中，不用作刀偏量的变量可用作保持型公共变量#500 ~ #531。

2）宏程序中的算术与逻辑运算的表示方法。

①在表 4-17 中列出了变量的算术与逻辑运算。操作符右边的表达式,可以含有常数和(或)由一个功能块或操作符组成的变量。表达式中的变量#J 和#K 可以用常数替换,左边的变量也可以用表达式替换。

表 4-17　算术与逻辑运算

功　　能	格　　式	注　　释
赋值	#i = #j	
加	#i = #j + #k	
减	#i = #j − #k	
乘	#i = #j ∗ #k	
除	#i = #j/#k	
正弦	#i = SIN[#j]	角度以度为单位,如:90 度 30 分表示成 90.5°
余弦	#i = COS[#j]	
正切	#i = TAN[#j]	
反正切	#i = ATAN[#j]	
平方根	#i = SQRT[#j]	
绝对值	#i = ABS[#j]	
进位	#i = ROUND[#j]	
下进位	#i = FIX[#j]	
上进位	#i = FUP[#j]	
OR(或)	#i = #jOR#k	用二进制数按位进行逻辑操作
XOR(异或)	#i = #jXOR#k	
AND(与)	#i = #jAND#k	
将 BCD 码转换成 BIN 码	#i = BIN[#j]	用于与 PMC 间信号的交换
将 BIN 码转换成 BCD 码	#i = BCD[#j]	

a)角单位:在 SIN,COS,TAN,ATAN 中所用的角度单位是度。

b)ATAN(反正切函数)功能:在 ATAN 之后的两个变量用"/"分开,结果在 0°和 360°之间。例如,当#1 = ATAN1/[−1]时,#1 = 135.0。

c)ROUND 功能:

当 ROUND 功能包含在算术或逻辑操作 IF 语句、WHILE 语句中时,将保留小数点后一位,其余位进行四舍五入。例如,#1 = ROUND[#2],其中#2 = 1.2345,则#1 = 1.0。

当 ROUND 出现在 NC 语句地址中时,进位功能根据地址的最小输入增量四舍五入指定的值。例如,编一个程序,根据变量#1、#2 的值进行切削,然后返回到初始点。假定增量系统是 1/1000mm,#1 = 1.2345,#2 = 2.3456,则

```
G00  G91  X − #1          移动 1.235mm
G01  X − #2  F300         移动 2.346mm
G00  X[ #1 + #2]
```

因为 1.2345mm + 2.3456mm = 3.5801mm 移动 3.580mm,不能返回到初始位置。而换成 G00　X[ROUND[#1] + ROUND[#2]]能返回到初始点。

d)上进位和下进位:上进位和下进位成整数。

例如, #1 = 1.2, #2 = −1.2, 则

#3 = FUP[#1]，结果#3 = 2.0

#3 = FIX[#1]，结果#3 = 1.0

#3 = FUP[#2]，结果#3 = −2.0

#3 = FIX[#2]，结果#3 = −1.0

②算术和逻辑操作的缩写方式。取功能块名的前两个字符，例如 ROUND→RO。

③操作的优先权。

a）功能块，如乘除（*，/，AND，MOD）和加减（+，−，OR，XOR）这样的操作。

b）转移与循环。在程序中，使用 GOTO 语句和 IF 语句可以改变控制的流向。转移和循环操作有以下三种：

ⓐ无条件转移（GOTO 语句）：转移到标有顺序号 n 的程序段。当指定 1 ~ 9999 以外的顺序号时，出现 P/S 报警 No：128。可用表达式指定顺序号（指令格式：GOTOn。n 为顺序号）。

ⓑ条件转移（IF 语句）[< 条件表达式 >]：

指令格式 1：IF [条件表达式] GOTOn。IF 之后指定条件表达式。

如果指定的条件表达式满足时，转移到标有顺序号 n 的程序段；如果指定的条件表达式不满足时，执行下一个程序段。

指令格式 2：IF[条件表达式] THEN。

如果指定的条件表达满足时，执行预先决定的宏程序语句。只执行一个宏程序语句。

例如，如果#1 和#2 的值相同，则将 0 赋值给#3。

IF[#1 EQ #2] THEN #3 = 0

指令说明：①条件表达式必须包括运算符。运算符插在两个变量中间或变量和常数中间，并且用中括号"[ ]"封闭；②运算符由 2 个字母组成，用于两个值的比较，以决定它们是相等还是一个值小于或大于另一个值（见表4-18）。

表 4-18 运算符

运算符	含 义	运算符	含 义
EQ	等于（=）	GE	大于或等于（≥）
NE	不等于（≠）	LT	小于（<）
GT	大于（>）	LE	小于或等于（≤）

3）循环（WHILE）语句。在 WHILE 后指定一个条件表达式。当指定条件满足时，执行从 DO 到 END 之间的程序，否则转到 END 之后的程序段。

循环（WHLE 语句）格式：WHILE [< 条件式 >]DOm；　　　　　　（m = 1，2，3）

⋮

ENDm；

WHILE 语句举例：如果表达式满足时，执行 WHILE 至 ENDm 之间的程序；如果表达式不满足时，执行 ENDm 后面的程序。

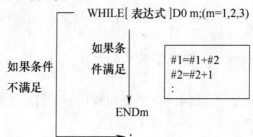

4）熟练应用三角函数、椭圆、抛物线等曲线方程。

①了解三角函数的定义。

②掌握三角函数的解法。

③了解角的度量。

④掌握任意角的三角函数。

⑤掌握二次曲线方程，如圆的方程、椭圆、抛物线方程等。

5）G10 功能指令。G10（可编程参数输入），参数可用编程输入，该功能主要用于设定螺距误差的补偿数据，以应对加工工件的变化（如机件更新，最大切削速度或切削时间常数的变化等），在这里主要讨论 G10 指令针对利用刀具半径补偿的变化来加工规则曲面的方法。在 FANUC 数控系统中，对于"可编程参数输入（G10）"的使用有着严格的规定。G10 指令的格式取决于需要使用的刀具补偿存储器（见表 4-19）。

表 4-19　FANUC 系统中刀具补偿存储器和刀具补偿值的设置范围

刀具补偿存储器的种类	指 令 格 式
H 代码（长度补偿）的几何补偿值	G10　L10　P __　R __
H 代码（长度补偿）的磨损补偿值	G10　L11　P __　R __
D 代码（半径补偿）的几何补偿值	G10　L12　P __　R __
D 代码（半径补偿）的磨损补偿值	G10　L13　P __　R __

五、设备维护保养

1）正常关闭机床，并把机床清扫干净。

2）工量具使用后要摆放整齐。

3）加工钢件时要注意切削用量、进给速度等，以免出现吃刀量过大而导致断刀。

4）对刀时一定要注意刀具长度补偿值。

六、实训效果考核

1）宏程序的作用及优点是什么？

2）根据图 4-49、图 4-50 所示的图形，用宏程序编制该零件的加工程序。

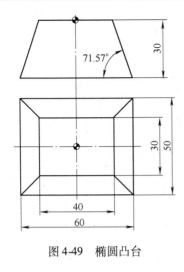

图 4-49　椭圆凸台

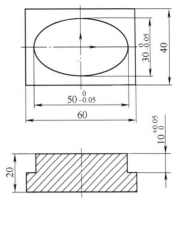

图 4-50　四棱锥

课题八　综合练习

一、实训目标及课时

1）能够熟练操作加工中心完成综合零件的整个加工过程。

2）掌握找正机用虎钳的方法。

3）掌握综合零件的加工工艺的制订。

4）掌握后台编辑功能。

5）掌握综合零件尺寸精度的控制方法。

6）实训图样如图 4-51 所示。

7）需用课时：28 学时。

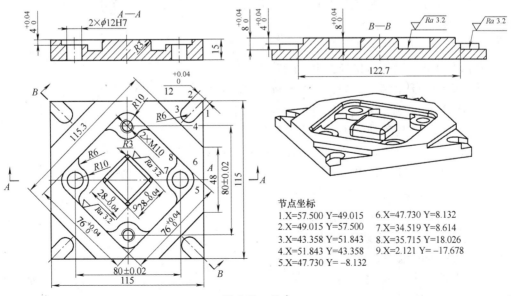

节点坐标

1.X=57.500 Y=49.015　　6.X=47.730 Y=8.132
2.X=49.015 Y=57.500　　7.X=34.519 Y=8.614
3.X=43.358 Y=51.843　　8.X=35.715 Y=18.026
4.X=51.843 Y=43.358　　9.X=2.121 Y=−17.678
5.X=47.730 Y=−8.132

图 4-51　凸台

二、实训设备、刀具、量具、夹具与材料

1) 设备：XH714G 加工中心 3 台。

2) 刀具：刀具清单见表 4-20。

表 4-20　刀具清单

刀具名称	刀具规格	刀具材料	数　量
键槽铣刀	ϕ10mm	高速钢	1
立铣刀	ϕ10mm	高速钢	1
中心钻	ϕ3mm	高速钢	1
钻头	ϕ8.7mm	高速钢	1
钻头	ϕ11.8mm	高速钢	1
丝锥	M10×1.5mm	高速钢	1
铰刀	ϕ12mm	高速钢	1

3) 量具：0~150mm 游标卡尺 、0~100mm 深度尺。

4) 夹具：0~200mm 机用虎钳及等高块。

5) 材料：Q235 钢，115mm×115mm×15mm。

三、安全操作要点

1) 找正机用虎钳时，百分表触头不能接触过多。

2) 在进行后台编辑时，不能按"复位"按键，否则会使机床停止加工。

3) 在手工去除残料时，一定要注意加工的深度。

四、实训操作步骤（含实训内容）

（1）制订加工工艺　加工工艺按照先粗后精、先面后孔、先里后外的原则制订。工艺过程及加工参数见表 4-21。

1) 用 ϕ10mm 键槽铣刀粗加工 76mm×76mm 凹槽。

2) 用 ϕ10mm 键槽铣刀粗加工十字凹槽和凸台。

3) 用 ϕ10mm 键槽铣刀粗加工 115.3mm×115.3mm 和 4 个 12mm 键槽。

4) 用 ϕ10mm 立铣刀精加工 76mm×76mm 凹槽。

5) 用 ϕ10mm 立铣刀精加工十字凹槽和凸台。

6) 用 ϕ10mm 立铣刀精加工 115.3mm×115.3mm 和 4 个 12mm 键槽。

7) 用 ϕ10mm 立铣刀铣 R3 圆角。

8) 用中心钻钻中心孔。

9) 用 ϕ8.7mm 钻头钻螺纹底孔。

10) 用 ϕ11.8mm 钻头钻铰孔的底孔。

11) 用 ϕ12mm 铰刀铰孔。

12) 用 M10 丝锥攻螺纹。

13) 手工去除余量。

14）修毛刺，检验。

表 4-21 工艺过程及加工参数

加工顺序	加工项目	刀具号	刀具类型	主轴转速 /(r/min)	进给速度 /(mm/min)		刀补号
					XY 向	Z 向	
1	粗加工 76mm×76mm 凹槽	T1	键槽铣刀 φ10mm	600	100	50	H1 D1 = 5.2
2	粗加工十字凹槽和凸台	T1	键槽铣刀 φ10mm	600	100	50	H1 D1 = 5.2
3	粗加工 115.3mm×115.3mm 和 4 个 12mm 键槽	T1	键槽铣刀 φ10mm	600	100	50	H1 D1 = 5.2
4	精加工 76mm×76mm 凹槽	T2	立铣刀 φ10mm	800	100	100	H2 D2 = 5.0
5	精加工十字凹槽和凸台	T2	立铣刀 φ10mm	800	100	50	H2 D2 = 5.0
6	精加工 115.3mm×115.3mm 和 4 个 12mm 键槽	T2	立铣刀 φ10mm	800	100	50	H2 D2 = 5.0
7	铣 R3 圆角	T2	立铣刀 φ10mm	1200	1500	100	H2
8	钻中心孔	T3	中心钻 φ3mm	1000	—	50	H3
9	钻螺纹底孔	T4	钻头 φ8.7mm	600		50	H4
10	钻铰孔的底孔	T5	钻头 φ11.8mm	600		50	H5
11	铰孔	T6	铰刀 φ12H7mm	100		30	H6
12	攻螺纹	T7	丝锥 M10×1.5	100	—	150	H7

（2）计算节点坐标。本图形的节点坐标已经给出（见图 4-51），图形的坐标一般通过绘图软件（如 CAD、CAXA 电子图板等）进行查找，这样既方便又精确。

（3）参考程序

O0020；（主程序）

T1 M98 P1000；

G54 G90 G17 G0 X0 Y0；

G43 H01 Z50. M08；

S600 M03；

Z5.；

G0 X18.385 Y - 18.385；

G01 Z - 3.8 F50；

D1 M98 P0021；

G0 X18.385 Y - 18.385；

G01 Z - 7.8 F50；

D1 M98 P0022；

G0 X65. Y24.；

D1 M98 P0023 L4；

G0 X57.5 Y57.5；

D1 M98 P0024 L4；

```
G0    Z150. ;
T2    M98    P1000;
G54   G90    G17    G0    X0    Y0;
G43   H02    Z50.   M08;
S800   M03;
Z5. ;
G0    X18. 385    Y - 18. 385;
G01    Z - 4.    F50;
D2    M98    P0021;
G0    X18. 385    Y - 18. 385;
G01    Z - 8.    F50;
D2    M98    P0022;
G0    X65.    Y24. ;
D2    M98    P0023    L4;
G0    X57. 5    Y57. 5;
D2    M98    P0024    L4;
G0    X18. 385    Y - 18. 385;
#1 = - 3;
WHILE[ #1 LE0 ] DO1;
#2 = 3 + #1;
#3 = SQRT[ 3 * 3 - #2 * #2 ];
#4 = 3 - #3;
#5 = 5 - #4;
G01    Z[ #1 ]    F100;
G10    L12    P1    R[ #5 ];
G41    G01    X9. 899    Y - 9. 899    D1    F1500;
G01    X2. 121    Y - 17. 678;
G02    X - 2. 121    R3. ;
G01    X - 17. 678    Y - 2. 121;
G02    Y2. 121    R3. ;
G01    X - 2. 121    Y17. 678;
G02    X2. 121    R3. ;
G01    X17. 678    Y2. 121;
G02    Y - 2. 121    R3. ;
G01    X9. 899    Y - 9. 899;
G40    G01    X18. 385    Y - 18. 385;
#1 = #1 + 0. 05;
END1;
G0    Z150. ;
```

```
T3   M98   P1000；
G54   G90   G17   G0   X0   Y0；
G43   H03   Z50.   M08；
S1000   M03；
G99   G81   X40.   Y0   Z－7.   R3.   F50；
X0   Y40.；
X－40.   Y0；
X0   Y－40.；
G0   Z150.；
T4   M98   P1000；
G54   G90   G17   G0   X0   Y0；
G43   H04   Z50.   M08；
S600   M03；
G99   G83   X0.   Y40   Z－20.   R3.   Q5.   F50；
X0   Y－40.；
G0   Z150.；
T5   M98   P1000；
G54   G90   G17   G0   X0   Y0；
G43   H05   Z50.   M08；
S600   M03；
G99   G83   X40.   Y0   Z－20.   R3.   Q5.   F50；
X－40   Y0.；
G0   Z150.；
T6   M98   P1000；
G54   G90   G17   G0   X0   Y0；
G43   H06   Z50.   M08；
S100   M03；
G99   G81   X40.   Y0   Z－17.   R3.   F50；
X－40   Y0.；
G0   Z150.；
T7   M98   P1000；
G54   G90   G17   G0   X0   Y0；
G43   H07   Z50.   M08；
S100   M03；
G99   G84   X40.   Y0   Z－17.   R3.   F150；
X－40   Y0.；
G0   Z150.；
M03；
M30；
```

O0021;

G41 G01 X26.870 Y - 26.870 F100;

X46.669 Y - 7.071;

G03 X46.669 Y7.071 R10.;

G01 X7.071 Y46.669;

G03 X - 7.071 Y46.669 R10.;

G01 X - 46.669 Y7.071;

G03 X - 46.669 Y - 7.071 R10.;

G01 X - 7.071 Y - 46.669;

G03 X7.071 Y - 46.669 R10.;

G01 X26.870 Y - 26.870;

G40 G01 X18.385 Y - 18.385;

G0 Z5.;

M99;

O0022;

G41 G01 X26.87 Y - 26.87 F100;

G01 X35.715 Y - 18.026;

G03 X34.519 Y - 8.614 R6.;

G02 Y8.614 R10.;

G03 X35.715 Y18.026 R6.;

G01 X18.026 Y35.715;

G03 X8.614 Y34.519 R6.;

G02 X - 8.614 R10.;

G03 X - 18.026 Y35.715 R6.;

G01 X - 35.715 Y18.026;

G03 X - 34.519 Y8.614 R6.;

G02 Y - 8.614 R10.;

G03 X - 35.715 Y - 18.026 R6.;

G01 X18.026 Y - 35.715

G03 X - 8.614 Y - 34.519 R6.;

G02 X8.614 R10.;

G03 X18.026 Y - 35.715 R6.;

G01 X26.87 Y - 26.87;

G40 G01 X18.385 Y - 18.385;

G41 G01 X9.899 Y - 9.899;

G01 X2.121 Y - 17.678;

G02 X - 2.121 Y - 17.678 R3.;

G01 X - 17.678 Y - 2.121;

G02 X - 17.678 Y2.121 R3.;

```
G01    X - 2. 121    Y17. 678;
G02    X2. 121    Y17. 678    R3. ;
G01    X17. 678    Y2. 121;
G02    X17. 678    Y - 2. 121    R3. ;
G01    X8. 899    Y - 8. 899;
G40    X18. 385    Y - 18. 385;
G0    Z5. ;
M99;
O0023;
G91    G68    X0    Y0    R90. ;
G90    G0    X65.    Y24. ;
G01    Z - 3. 8    F50;
G42    G01    X57. 5    Y24.    F100;
G01    X24.    Y57. 5;
G40    G01    Y65. ;
G0    Z5. ;
M99;
O0024;
G91    G68    X0    Y0    R90. ;
G90    G0    X57. 5    Y57. 5;
G01    Z - 7. 8    F50;
G41    G01    X49. 015    Y57. 500;
X43. 358    Y51. 843;
X51. 843    Y43. 358;
X57. 500    Y49. 015;
G40    G01    X57. 5    Y57. 5;
G0    Z5. ;
M99;
```

（4）相关知识

1）机用虎钳的装夹与校正。工件在使用机用虎钳或压板装夹过程中，应对工件进行找正；找正时，将百分表用磁力表座固定在主轴上，如图4-52所示，百分表触头接触工件，在前后或者左右方向移动主轴，从而找正工件上、下平面与工作台面的平行度；同样在侧平面内移动主轴，找正工件侧面与轴进给方向的平行度；如果不平行，则可用铜棒轻敲工件或垫塞尺的办法进行校正，然后再重新进行找正。

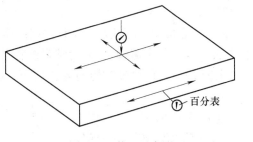

图4-52　找正示意图

2）表面粗糙度的影响因素。在实际加工过程中，影响零件表面质量的因素很多，常见的表面粗糙度影响因素见表4-22。

表 4-22　表面粗糙度的影响因素

影响因素	序　号	产生的原因
装夹工件	1	工件装夹不牢固,加工过程产生振动
刀具	2	刀具磨损后没有及时修磨
	3	刀具刚性差,刀具加工过程中产生振动
	4	主偏角、副偏角及刀尖圆弧半径选择不当
加工	5	进给量选择过大,残留面积高度增高
	6	切削速度选择不合理,产生积屑瘤
	7	背吃刀量(精加工余量)选择过大或过小
	8	Z向分层切削后没有进行精加工,留有接刀痕迹
	9	切削液选择不当或使用不当
	10	加工过程中刀具停顿
加工工艺	11	工件材料热处理不当或热处理工艺安排不合理
	12	采用不适当的进给路线,精加工采用逆铣

3)尺寸精度的控制。平面的零件加工,轮廓精度要求较高,工件最终的加工精度要靠修正刀具半径补偿值或刀具磨损补偿值来实现;用于平面轮廓加工的立铣刀有三个直径尺寸:名义直径、实际直径和作用直径。

标准立铣刀的名义直径是系列化的,可在刀具样本或刀杆部位查到。

刀具的实际直径可通过测量得知。刀具在制作过程中有尺寸公差,在使用过程中会磨损,这些因素都影响刀具实际直径。

刀具的作用直径不可能直接测得,只有通过测量被加工工件的轮廓尺寸间接得到。从理论上讲,立铣刀的作用直径大于实际直径,因为刀具随机床主轴旋转会产生径向跳动。使刀具产生径向跳动的原因包括机床主轴本身的径向跳动、刀柄外锥面与刀杆定位面的同轴度误差、夹套内外圆的同轴度误差、立铣刀本身刃部与杆部的同轴度误差等。此外铣削过程中,刀具在铣削抗力作用下产生的弹性变形以及被加工材料在铣削过程中因切削力产生的挤压变形,也会影响刀具的作用。

综上所述,工件精度要求较高时,不能直接按刀具名义直径输入刀具半径补偿值,最好先进行半精加工,然后测量被加工工件的轮廓尺寸,计算出刀具的作用直径。再根据刀具的作用直径修正刀具半径补偿值,精加工时刀具半径补偿值一般保留小数点后三位,精度为 0.001mm。

4)后台编辑。当执行一个程序时编辑另一个程序称为后台编辑,编辑方法和通常的编辑方法一样(前台编辑)。后台编辑能够显著地提高效率,实际上这也是现代并行工作模式的一种表现。后台编辑功能的灵活运用,能大量地节约程序的输入时间。具体操作过程如下:

①进入 EDIT 或者自动方式。

②按下"PROG"功能键。

③按下[(OPRT)]软键,然后按下[BG-EDT]软键。后台操作编辑屏幕(PRO-GRAM(BG-EDT)显示在屏幕的左上角。在后台编辑操作中编辑程序方法和在前台操作是

相同的。

④编辑完成以后，按下［（OPRT）］软键，然后按下［BG-EDT］软键，回到前台编辑界面上。

五、设备维护保养

1）正常关闭机床，并把机床清扫干净。

2）工量具使用后要摆放整齐。

3）加工钢件时要注意切削用量、进给速度等，以免出现背吃刀量过大导致断刀。

4）对刀时一定要注意刀具长度补偿值。

5）加工完成后要将机床工作台、机用虎钳等部位上油。

六、实训效果考核

1）详细写出图4-53所示零件的加工工艺过程。

2）根据以上工艺过程编制该零件的加工程序。

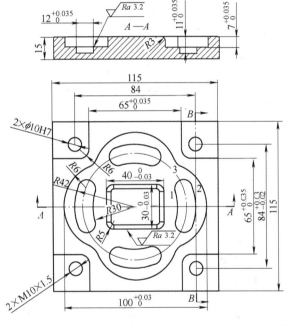

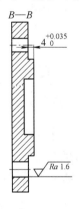

1.X=28.191 Y=10.261
2.X=39.467 Y=14.365
3.X=28.673 Y=28.673

注：椭圆长半轴：54mm　　短半轴35mm

图4-53　挖槽板

实训五 数控线切割实训指导书

课题一 数控线切割机床基础知识

一、实训目标及课时

1）了解数控线切割机床的组成。

2）熟悉电火花线切割机床的加工原理。

3）了解电火花线切割机床分类与加工特点。

4）了解加工对象及应用。

5）需用课时：28 学时。

二、实训设备、刀具、量具材料

1）设备：CTW400TA（TurboCAD）（北京迪蒙卡特机床有限公司）、YH 系统、AUTOP（8031）单片机控制（江南电子仪器厂）。

2）刀具：直径为 0.1 ~ 0.3mm 的电极丝（钼丝）。

3）量具：游标卡尺、找正块、百分表或千分表。

4）材料：10mm 以下薄钢板。

三、安全操作要点

1）严格遵守安全操作规程。

2）查对机床结构布置、整体电路时，应关断总电源。

3）未经允许不得随意触动机床上的开关、旋钮。

四、实训内容

（1）机床的组成 机床的组成框架如图 5-1 所示。

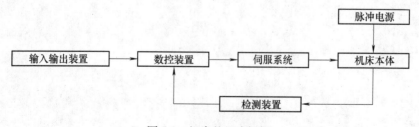

图 5-1 机床的组成框架

1）数控装置：数控机床的核心部分，由其内固化的系统控制软件对输入的加工程序、加工指令和检测信号进行判断处理，输出相应的脉冲，驱动伺服系统，控制 XY 拖板的移动。

2）伺服系统：由步进电动机及驱动装置组成，是数控系统的组成部分。

3）脉冲电源：电火花切割机床的电加工的能源。

4）检测装置：检测加工状态，也称为反馈装置。

（2）电火花线切割的加工原理　利用电极丝和加工工件的脉冲电火花放电时产生的电蚀效应进行切割加工。

（3）电火花线切割加工的物理过程　电火花线切割加工原理图以及加工工件与电极丝间的配置布置如图 5-2 所示。

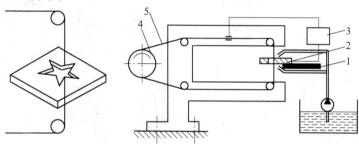

图 5-2　电火花线切割加工原理图

1—绝缘底板　2—工件　3—脉冲电源　4—滚丝筒　5—电极丝

电火花腐蚀主要发生在绝缘液体中的两电极，即工具电极和工件电极靠近时，两电极之间的介质被击穿，电流迅速上升，形成放电通道。在电场作用下，通道内的电子奔向阳极，正离子奔向阴极，形成火花放电。电子和离子在电场作用下高速运动时相互碰撞，阳极和阴极表面分别受到电子流和离子流的轰击，使电极间隙内形成瞬时高温热源，通道中心温度达到 10000℃ 以上，从而使金属材料局部熔化和气化，产生金属粉末。

在电火花线切割加工中，为使加工顺畅，除了应保证工作液具有一定的绝缘性外，还要保证两电极即工具电极和工件电极在靠近时的距离，它与工作电压和加工条件等有着密切的关系。此外，脉冲电源也是保证电火花线切割加工顺畅的关键因素之一。

（4）加工工件与电极丝之间五种不同的放电状态

1）空载状态。当电极丝与加工工件之间的单边放电间隙 $\delta_电$ 大于 0.01mm 时，加工工件与电极丝之间的介质尚未被电穿，没有明显的放电现象。

2）火花放电状态（正常加工状态）。随着加工工件与电极丝间的间隙 $\delta_电$ 的减小，电场强度增加，当该强度增加到一定数值时，加工工件和电极丝的工作液介质被击穿、电离，形成火花放电，由于介质被击穿的过程非常迅速，因此局部温度可达 10000℃（电能转化为热能）。

3）过渡电弧放电状态。随着 $\delta_电$ 间隙进一步减小，进给速度过快，产生不稳定的电弧放电（介质来不及消除）。

4）电弧放电状态。$\delta_电$ 一直减小→拉弧放电过程（不是火花而是弧光）。

5）短路状态。电极丝直接接触工件。

（5）加工时间的计算。一般的最大切割速度为 60mm/min。假设加工一个 20mm×20mm×10mm 的工件，则

周长：$C = 20 \times 4 \text{mm} = 80 \text{mm}$

加工面积：$S = CH = 80 \times 10 \text{mm}^2 = 800 \text{mm}^2$（$H$ 为工件厚度）

即加工时间 $t = S/v$（切削速度）$= 800/60 \text{min} = 13.33 \text{min}$。

（6）电火花线切割机床分类与加工特点

1）电火花线切割机床分类。根据电极丝的运行速度不同，电火花线切割机床通常分为两种：一种是高速走丝电火花线切割机床，如图 5-3a 所示；另一种是低速走丝电火花线切割机床，如图 5-3b 所示。高速走丝与低速走丝电火花线切割机床的相同点和不同点见表 5-1。

a)   b)

图 5-3 电火花线切割机床

a）高速走丝电火花线切割机床 b）低速走丝电火花线切割机床

表 5-1 高速走丝和低速走丝电火花线切割机床的相同点和不同点

机床种类	高速走丝电火花线切割机床	低速走丝电火花线切割机床
相同点	电极丝的粗细影响切割缝隙的宽窄，电极丝直径越细，切缝越小。电极丝直径最小可达 $\phi 0.05 \text{mm}$，但太小时，电极丝强度太低，容易折断。一般采用直径为 $0.1 \sim 0.3 \text{mm}$ 的电极丝 电极丝与工件之间的相对运动一般采用自动控制（数字程序控制） 生产率低，且不能加工不通孔类零件和阶梯表面	
不同点	电极丝作高速往复运动，可重复使用 一般走丝速度为 $8 \sim 10 \text{m/s}$ 加工速度较高，但快速走丝容易造成电极丝抖动和反向时停顿，使加工质量下降	电极丝作低速单向运动，电极丝放电后不再使用 一般走丝速度低于 0.2m/s 工作平稳、均匀，抖动小，加工质量较好，但加工速度较低，且设备费用、加工成本也高，多采用铜丝，只能一次性使用

2）电火花线切割加工的特点和应用。电火花线切割加工属于电火花加工的一种，它除了具有电火花加工的一些优点之外，还具有一些自身的优点：

①电火花线切割能"以柔克刚"，即用软的工具电极来加工任何硬度的工件材料。由于脉冲电源放电的能量密度高，可加工传统方法难于加工或无法加工的材料，如淬火钢、不锈钢、耐热合金和硬质合金等高硬度、高强度、高脆性、高韧性的导电材料及半导体材料。同时，加工过程中，工具与工件不直接接触，不存在显著的切削力，有利于加工低刚度的工

件。所以，电火花线切割加工不受材料硬度影响，不受热处理状况影响。

②脉冲放电持续时间极短，放电时产生的热量传导扩散范围小，工件被加工表面受热影响小，适合于加工热敏性材料。

③由于电极丝极细，因此可以加工细微异形孔、窄缝和复杂形状的零件。

④加工精度较高，线切割加工精度可达 $0.02 \sim 0.01 mm$，表面粗糙度可达 $Ra1.6 \mu m$。

⑤由于切缝很细，而且只对工件进行轮廓加工，实际金属蚀除量很少，材料利用率高，对于贵重金属加工更具有重要意义。

⑥与电火花成形相比，以线电极代替成形电极，省去了成形工具电极的设计和制造费用，缩短了生产准备时间。电火花线切割加工的缺点是生产率低，且不能加工不通孔类零件和阶梯表面。

（7）加工对象及应用　电火花线切割主要用于切割各种冲模、塑料模、粉末冶金模等二维及三维直纹面组成的模具及零件；也可切割各种样板、磁钢、硅钢片、半导体材料或贵重金属；还可进行异形槽、微细异形孔、窄缝和复杂形状的工件以及形状复杂的凸轮、特殊的齿轮和试件上标准缺陷的加工。它广泛用于电子仪器、精密机床以及轻工、军工等行业。电火花线切割加工的成品零件如图5-4所示。

图5-4　成品零件

五、设备维护与保养

1）工作运动部位应严格按润滑要求进行润滑，导轮轴承每周一定要用煤油冲洗一次，每次要多加注润滑油，务必使残留的工作液被全部挤出。

2）丝架上下臂应经常清洗，及时将工作液、电蚀产物清洗掉。

3）工作液应勤换，管道应通畅。

4）导轮、导电块、断丝保护块表面应保持清洁。

六、实训效果考核

1）常用的电极丝有哪几种？分别有什么性能？

2）深入阐述线切割加工的原理。

3）想想日常见到的线切割加工品有哪些，试举例说明。

课题二　手　工　编　程

一、实训目标及课时

1）熟悉程序格式及各指令的确定。

2）进行实例讲解，进一步强化理论知识。

3）通过这次课程的学习，能独立完成简单图形的手工编程。

4）需用课时：56 学时。

二、实训设备、刀具、量具、夹具与材料

1）设备：CT E400TA（TurboCAD）（北京迪蒙卡特机床有限公司）、YH 系统、AUTOP（8031）单片机控制（江南电子仪器厂）。

2）刀具：直径为 0.1 ~0.3mm 的电极丝（钼丝）。

3）材料：10mm 以下薄钢板。

4）工量具：游标卡尺、找正块、百分表或千分表。

三、安全操作要点

1）严格遵守安全操作规程。

2）查对机床结构布置、整体电路时，应关断总电源。

3）未经允许不得随意触动机床上的开关、旋钮。

四、实训操作和内容

（1）程序格式　3B 格式见表 5-2。

表 5-2　3B 格式

格式	B	X	B	Y	B	J	G	Z
字符含义	分隔符	X 坐标	分隔符	Y 坐标	分隔符	计数长度	计数方向	加工指令

B 为分隔符号，它在程序单上起到把 X、Y、J 数值分开的作用，而当输入第一个 B 时，它使控制器做好接收 X 坐标的准备，以此类推。

（2）程序 X、Y 坐标值的计算　每条加工线段，都是由起点 P_0（X_0，Y_0）加工到终点 P_e（X_e，Y_e）。根据加工线段的类型及走向可将其划分为三类。

1）直线的 X、Y 值。与 X、Y 坐标轴平行或重合的线段，取直线的起点为坐标原点建立直角坐标系，X、Y 值均视为零，省略不写。

2）斜线的坐标值。不平行坐标轴的线段，取斜线的起点为坐标原点建立直角坐标系，程序中的 X、Y 值为终点坐标 P_e（X_e，Y_e）。

3）圆弧的坐标值（包括整圆）。以圆弧所在的圆心为原点建立直角坐标系，程序中 X、Y 值取起点坐标值 P_0（X_0，Y_0）。

（3）计数方向（G）　把线段投影在 X 轴或 Y 轴上的投影总长度作为计数长度的轴向，称为计数方向 G。

除直线外，斜线与圆弧均有两个计数方向，把在 X 轴上的投影总长作为计数长度 JX，其计数方向为 GX；把投影在 Y 轴上的总长度作为计数长度 JY，其计数方向为 GY。

1）直线的计数方向。把直线所在的轴作为计数方向，平行 X 轴，其计数方向为 GX；平行 Y 轴其计数方向为 GY。

2）斜线的计数方向。其确定方法为比较终点坐标 P_e（X_e，Y_e）。

当　$|X_e| > |Y_e|$ 时，取 GX。

$|X_e| < |Y_e|$ 时，取 GY。

$|X_e| = |Y_e|$ 时，取 $\begin{cases} \text{Ⅰ、Ⅲ象限取 GY} \\ \text{Ⅱ、Ⅳ象限取 GX} \end{cases}$

3）圆弧的计数方向。其确定方法也是比较终点坐标 P_e（X_e，Y_e）。

当　$|X_e| > |Y_e|$ 时，取 GY；

　　$|X_e| < |Y_e|$ 时，取 GX；

　　$|X_e| = |Y_e|$ 时，可任取 GX 或 GY。

（4）计数长度 J　线段在计数方向上的（X 轴或 Y 轴）投影总长度称为计数长度。

1）直线的计数长度（见图 5-5）。直线的计数长度 J，按线段在计数方向上的 X_e 或 Y_e 确定。

当取 GX 时，J 取 $|X_e|$；

　取 GY 时，J 取 $|Y_e|$。

2）斜线的计数长度。当取 GY 时，J 取 $|X_e|$ 在 X 轴上的投影；当取 GX 时，J 取 $|Y_e|$ 在 Y 轴上的投影。

因为 $|X_e| < |Y_e|$，所以 G 取 GY

因为 $|X_e| > |Y_e|$，所以 G 取 GX

即 $J = |Y_e|$

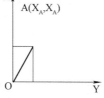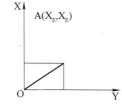

图　5-5

3）圆弧的计数长度（见图 5-6）。圆弧的计数长度 J 是不同象限的各部分圆弧分别在计数方向上的投影总长度。

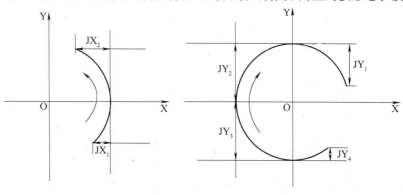

图　5-6

因为 $|X_e| < |Y_e|$，所以 G 取 GX

因为 $|X_e| > |Y_e|$，所以 G 取 GY

而 $J = JX_1 + JX_2$

即 $J = JY_1 + JY_2 + JY_3 + JY_4$

（5）加工指令（Z）　按照加工直线、斜线和圆弧的不同，需要做不同方向的不同动作。顺控制器的加工指令如下：

1）加工直线、斜线用 L1、L2、L3、L4 指令，见图 5-7a、b。

2）加工圆弧。加工顺圆弧用 SR_1、SR_2、SR_3、SR_4 指令，加工逆圆弧用 NR_1、NR_2、NR_3、NR_4 指令，见图 5-7c、d。

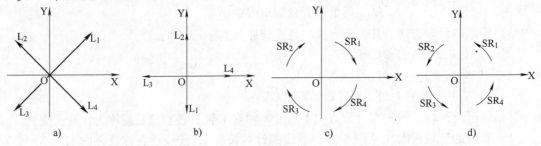

图 5-7　加工指令

a）直线加工指令　b）坐标轴上直线加工指令　c）顺时针圆弧指令　d）逆时针圆弧指令

（6）编程实例

1）加工斜线。例如，加工图 5-8 所示斜线 OA，终点 A 的坐标为 $X_e = 17mm$，$Y_e = 5mm$，写出加工程序。

其加工程序为：

B17000　B5000　B017000　GX　L1

2）加工直线。例如，加工图 5-9 所示直线，直线长度为 21.5mm，写出其加工程序。

其加工程序为：

B　B　B021500　GY　L2

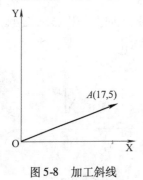

图 5-8　加工斜线

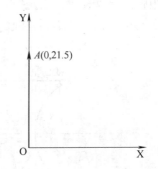

图 5-9　加工与 Y 轴正方向重合的直线

3）加工圆弧。例如，加工图 5-10 所示圆弧，加工起点为 A（-2, 9），终点为 B（9, -2），编制加工程序。

圆弧半径 $R = 9220\mu m$；计数长度 $JY_{AC} = 9000\mu m$，$JY_{CD} = 9220\mu m$，$JY_{DB} = R - 2000\mu m = 7200\mu m$。则

$$JY = JY_{AC} + JY_{CD} + JY_{DB} = （9000 + 9220 + 7200）\mu m = 25440\mu m$$

其加工程序为：

B2000　B9000　B025440　GY　NR₂

4）整个工件的加工程序编制。编制工件的加工程序时，应先将工件加工图形分解成各圆弧与各直线段，然后逐段编程。

例如加工图 5-11 所示零件，该零件由三条直线段和一段圆弧组成，所以要分成四段来

编制程序：

①加工直线段 AB。以起点 A 为坐标原点，AB 与 X 轴重合，取 X = Y = 0，G = GX，J = AB = 40mm，Z = L1。

程序为 B　B　B40000　GX　L1

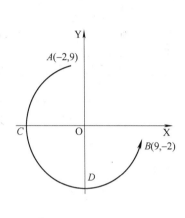

图 5-10　加工圆弧段

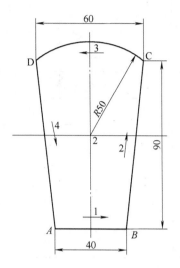

图 5-11　编程实例一

②加工斜线 BC。应以 B 点为坐标原点，则 C 点相对于 B 点的坐标为 X = 10mm，Y = 90mm，C 点在第一象限，｜X_C｜ < ｜Y_C｜，所以取 G = GY，J = ｜Y_C｜ = 90mm，Z = L1

程序为：B10000　B90000　B90000　GY　L1

或 B1　B9　B90000　GY　L1

③加工圆弧 CD。应以该圆弧圆心 O 为坐标原点，C 点相对于 O 点的坐标经计算为 X_C = 30mm，Y_C = 40mm；D 点相对于原点 O 的坐标为 X_D = −30mm，Y_D = 40mm。

因为 ｜X_D｜ < ｜Y_D｜，所以取 G = GX，J = ｜X_0｜ + ｜X_e｜ = 60mm

圆弧 CD 为逆圆切割，起点 C 位于第一象限，应取 Z = NR_1

程序为：B30000　B40000　B60000　GX　NR_1

④加工斜线 DA。应以 D 点为坐标原点，终点 A 相对起点 D 的坐标为 X = 10mm，Y = −90mm，｜X_A｜ < ｜Y_A｜，应取 G = GY，J = ｜Y_A｜ = 90mm。终点 A 位于坐标系的第四象限，应取 Z = L4。

程序为：B10000　B90000　B90000　GY　L4

整个程序单见表 5-3。

表 5-3　程序单

序号	B	X	B	Y	B	J	G	Z
1	B	0	B	0	B	40000	GX	L1
2	B	1	B	9	B	90000	GY	L1
3	B	3	B	4	B	60000	GX	NR_1
4	B	1	B	9	B	09000	GY	L4
5	D							

注：在编程时 XY 值可以同时缩放相同的倍数。

5）间隙补偿量的编程。设间隙补偿量为f，令钼丝半径$R = 0.09\text{mm}$，单边的放电间隙$\delta = 0.01\text{mm}$。编程实例如图5-12所示；程序单见表5-4。

表5-4　程序单

程序段号	B	X	B	Y	B	J	G	Z
O1—1	B	0	B	0	B	9900	GX	L3
1—2	B	9900	B	0	B	1980	GY	SR_2
2—3	B	0	B	0	B	2010	GY	L4
3—4	B	0	B	0	B	2010	GX	L1
4—5	B	0	B	9900	B	1980	GX	SR_1
5—6	B	0	B	0	B	3990	GX	L3
6—1	B	0	B	0	B	3990	GY	L2
1—O1	B	0	B	0	B	9900	GX	L1
DD								

6）配合间隙。编制线切割程序时，对于一般工件，只需考虑单边间隙。如果加工一副完整的冲裁模，还应考虑凸模和凹模之间的配合间隙$\delta_{配}$。根据用途不同，冲裁模可分为落料模和冲孔模两种。在加工落料模具（凸模）时，由于冲切下去的部分作为成品，所以冲裁模的外形尺寸决定于凹模；而在加工冲孔模（凹模）具时，冲切下去的部分作为废料，留在材料上的孔才是成品，因此冲孔的内形尺寸决定于凸模。

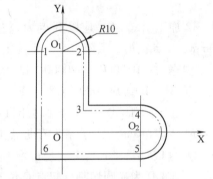

图5-12　编程实例二

假设模具用于落料，则凹模尺寸与产品外形尺寸一致。凸模按凹模尺寸配间隙，即模具配合间隙在凸模上扣除，这时补偿值为

$$f_{凹} = R_{m0} + \delta_{电}, \quad f_{凸} = f_{凹} - \delta_{配}$$

如果模具是用于冲孔，则凸模尺寸与产品内形尺寸一致，凹模按凸模尺寸配间隙，即模具在凹模上扣除。所以间隙补偿量为

$$f_{凸} = R_{m0} + \delta_{电}, \quad f_{凸} = f_{凹} - \delta_{配}$$

7）配合间隙编程。编制图5-13所示零件的凹模和凸模程序，此模为落料模，$\delta_{配} = 0.01\text{mm}$，$\delta_{电} = 0.01\text{mm}$，$R_{m0} = 0.065\text{mm}$。

解　①编凹模程序。因该模具为落料模，冲下零件的尺寸由凹模决定，模具配合间隙在凸模上扣除，故凹模的间隙补偿量为

$$f_{凹} = R_{m0} + \delta_{电} = (0.065 + 0.01)\text{mm} = 0.075\text{mm}$$

图5-13中虚线表示电极丝中心轨迹，X轴上下对称，Y轴左右对称，因此，只要计算出一个点，其余三个点均可由对称关系得到。

圆心 O_1 的坐标为（0，7），细双点画线交点 a 的坐标为 $X_a = 3mm - f_凹 = (3 - 0.075)$ mm = 2.925mm，

$$Y_a = 7mm - \sqrt{(5.8 - 0.075)^2 - X_a^2} - X_a^2 = 2.079mm$$

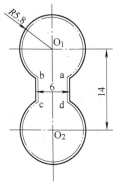

由对称可得出其他各点相对 O 点的坐标：

O_2（0，-7）；b（-2.925，2.079）；c（-2.925，-2.079）；d（2.925，-2.079）

将丝位孔钻在 O 处，则电极丝的中心轨迹线是 O→a→b→c→d→a→O，编程内容如下：

a）O—a 段程序。由于 Oa 为斜线，XY 值取起点坐标（2.925，2.079），又因 $|X_a| > |Y_a|$，所以 G 取 GX。

a 点位于第一象限，故程序为：B2925　B2079　B2925　GX　L1

图 5-13　编程实例三

b）a—b 段程序。注意，此时应该以 O_1 为坐标原点。a 点相对 O_1 的坐标为：

$$X_{aO1} = X_a = 2.925mm；Y_{aO1} = Y_a - Y_{O1} = (2.079 - 7)mm = -4.921mm$$

则 a（2.925，-4.921）

b 点相对 O_1 的坐标为：

$$X_{bO1} = -X_{aO1} = -2.925mm；Y_{bO1} = Y_{aO1} = -4.921mm$$

则 b（-2.925，-4.921）

又因 $|X_{bO1}| < |Y_{bO1}|$，所以 G 取 GX。

计数长度 J 为：

$$J_{ab} = 4R_{m0} - |X_{aO1}| - |X_{bO1}| = [4 \times (5.8 - 0.075) - 2.925 - 2.925]mm = 17.05mm$$

故程序为：B2925　B4921　B17050　GX　NR₄

c）b—c 段为直线，所以 X、Y 值取 0，$J_{bc} = |Y_b| + |Y_c| = (2.079 + 2.079)mm = 4.158mm$

故程序为：B　B　B4158　GY　L4

以同样的方法可编出 c—d 段，d—a 段，a—O 段程序。

c—d 段程序：B2925　B4921B　17050　GX　NR₂

d—a 段程序：B　B　B4158　GY　L2

a—O 段程序：B2925　B2079　B2925　GX　L3

加工程序单见表 5-5。

表 5-5　实例三加工程序单

程序序号	B	X	B	Y	B	J	G	Z
1	B	2925	B	2079	B	2925	GX	L1
2	B	2925	B	4921	B	17050	GX	NR₄
3	B	0	B	0	B	4158	GY	L4
4	B	2925	B	4921	B	17050	GX	NR₂
5	B	0	B	0	B	4158	GY	L2
6	B	2925	B	2079	B	2925	GX	L3
	DD							

凸模程序。此模为落料模(见图5-14),$\delta_{配}=0.01\text{mm}$,则凸模的间隙补偿量$f_{凸}=f_{凹}-\delta_{配}=$
$(0.075-0.01)\text{mm}=0.065\text{mm}$。

由此得出各交点相对于O坐标分别为:
O$_1$(0,7);O$_2$(0,-7);a(3.065,2);
b(-3.065,2);c(-3.065,-2);
d(3.065,-2)。

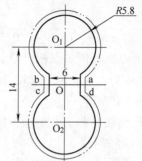

由于凸件的刀具轨迹线是在工件外的,
所以加工时需先从外引入一条3~5mm长的
引导线,这里从b点开始,按照逆时针方向
切割回至b点,加工程序单见表5-6。

图5-14　编程实例四

表5-6　实例四加工程序单

程序序号	B	X	B	Y	B	J	G	Z
1	B	0	B	0	B	3000	GX	L1
2	B	0	B	0	B	4000	GY	L4
3	B	3065	B	5000	B	1733	GX	NR$_2$
4	B	0	B	0	B	4000	GY	L4
5	B	3065	B	5000	B	1733	GX	NR$_4$
6	B	0	B	0	B	3000	GX	L3
	DD							

注：通常编程时都采用自动编程。

五、设备的维护与保养

1)工作运动部位应严格按润滑要求进行润滑,导轮轴承每周一定要用煤油冲洗一次,
每次要多加注润滑油,务必将残留工作液挤出。

2)丝架上、下臂应经常清洗,并及时将工作液、电蚀产物清洗掉。

3)工作液应勤换,管道应通畅。

4)导轮、导电块、断丝保护块表面应保持清洁。

六、实训效果考核

1)编制图5-15所示图形的加工程序。

2)编写实训报告书。

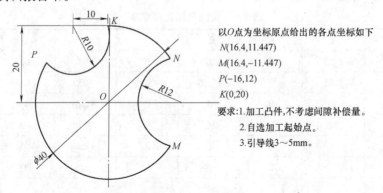

以O点为坐标原点给出的各点坐标如下
N(16.4,11.447)
M(16.4,-11.447)
P(-16,12)
K(0,20)

要求:1.加工凸件,不考虑间隙补偿量。
2.自选加工起始点。
3.引导线3~5mm。

图5-15　考核图

课题三　自动编程及操作说明

一、实训目标及课时

1）熟悉 YH 系统和 TurboCAD 软件的自动编程。

2）熟悉软件的操作，能独立完成简单图形的编程。

3）根据前面学的 3B 格式编程，并进一步完善程序。

4）需用课时：56 学时。

二、实训设备、刀具、量具、夹具与材料

1）设备：CTW400TA（TurboCAD）（北京迪蒙卡特）、YH 系统、AUTOP（8031）单片机控制（江南电子仪器厂）。

2）刀具：直径为 0.1~0.3mm 的电极丝（钼丝）。

3）材料：1.0mm 以下薄钢板。

4）工量具：游标卡尺、找正块、百分表或千分表。

三、安全操作要点

1）严格遵守安全操作规程。

2）查对机床结构布置、整体电路时，应关断总电源。

3）未经允许不得随意触动机床上的开关、旋钮。

四、实训操作和内容

（1）YH 系统

1）YH 系统简介。YH 线切割控制系统是采用先进的计算机图形和数控技术，集控制、编程为一体的快速走丝线切割高级编程控制系统。

YH 系统具有以下特点：

①上下异形面、大锥度工件加工。锥度切割可达 90°（±45°斜度），可任意变锥切割，并具有导轮切点偏移的实时补偿，理论上补偿精度可达 6μm。

②双 CPU 结构，编程控制一体化，加工时可以同机编程。

③放电状态波形显示，自动跟踪无须变频调节。

④国际标准 ISO 代码方式控制。

⑤加工轨迹实时跟踪显示，工件轮廓三维造型。

⑥采用屏幕控制台方式，全部操作均用鼠标器实现，方便直观（可配置多媒体触摸屏）。

⑦现场数据停电记忆，上电恢复，无须维护。

2）YH 系统功能简介。YH 系统的全部操作集中在 20 个命令图标和 4 个弹出式菜单内。它们构成了系统的基本工作平台（见图 5-16）。

系统的全部绘图和一部分最常用的编辑功能用 20 个图标表示，分别为（自上而下）：

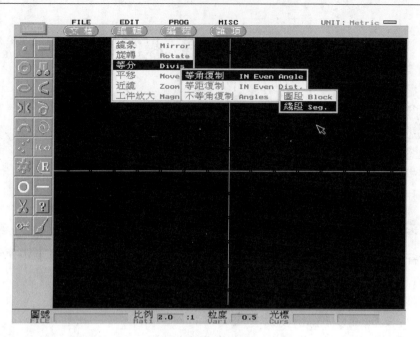

图 5-16　系统主屏幕

点、线、圆、切圆（线）、椭圆、抛物线、双曲线、渐开线、摆线、螺线、列表曲线、函数方程、齿轮、过渡圆、辅助圆、辅助线共 16 种绘图控制图标和剪除、询问、清理、重画 4 个编程控制图标。

4 个菜单按钮分别为文件、编辑、编程和杂项。在每个按钮下，均可弹出一个子功能菜单。各菜单的功能如图 5-17 所示。

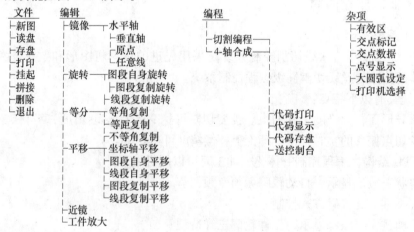

图 5-17　系统菜单

在系统主屏幕上除了 20 个图标和 4 个菜单按钮外，下方还有一个提示行，用来显示输入图号、比例系数、粒度和光标位置。

YH 系统操作命令的选择，状态、窗口的切换全部用鼠标器实现（为以后叙述方便，称鼠标器上的左按钮为"命令"键，右按钮为"调整"键），如需要选择某图标或按钮（菜单按钮、参数窗控制钮），只要将光标移到相应位置轻按一下"命令"键，即可实现相应的操作。

注意本系统的专用名词：

图段——屏幕上相连通的线段（线或圆），称作图段。

线段——某条直线或圆弧。

图段与线段的对照如图5-18所示。

（2）YH系统图标命令及菜单功能详解 系统主屏幕常用图标命令及菜单功能介绍如下：

1）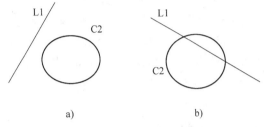（点输入）。在点图标状态下（光标放在该图标上，单击"命令"键，使之变色），将光标移至绘图窗，任一位置单击鼠标左键，屏幕上将跳出标有当前光标位置的参数窗，将光标移至需要修改的数据框内，单击鼠标左键，出现小键盘。然后，用光标在小键盘的数字上单击"命令"键或用大键盘输入所需要的数据，按"回车"键结束，然后单击"YES"按钮退出。

图 5-18 图段与线段的对照

a）线段 b）图段

L1、C2 单独处理时分别为线段

L1、C2 相连时，可作为一图段

2）（直线输入）：将光标移到直线图标上，单击"命令"键，系统弹出图5-19所示对话框，在此状态下，可输入线段起、终点的X、Y坐标和斜角。

3）（圆输入）。将光标移到圆图标上，单击"命令"键，该图标成深色，表示进入圆图标状态。在此状态下，可输入各种圆。

①标定圆（已知圆心，半径）。在圆图标状态下，将光标移至任意位置或光标到达指定点时变成"×"形，按下"命令"键（按住不放开），同时移动光标至指定半径时，释放"命令"键，定圆输入完成。若

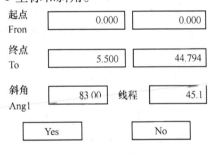

图 5-19 直线输入

输入半径不正确，可用光标选择相应的深色参数框，用屏幕小键盘输入数据。参数确认后，单击"YES"按钮退出。

②单切圆（已知圆心，并过一点）。在圆图标状态下，将光标移至圆心位置，光标呈手指形后，按下"命令"键（按住不放开），同时移动光标至另一点位置，待光标变成"×"时，释放"命令"键。若确认无误，单击参数窗中的"YES"按钮退出。

③单切圆（已知圆心，并与另一圆或直线相切）。在圆图标状态下，将光标移到圆心位置，按下"命令"键（按住不放开），同时移动光标，在屏幕上画出的圆弧逼近另一定圆或定线，待该圆弧呈红色时（即相切），释放"命令"键。确认无误或修正后，单击"YES"按钮退出。

④二切、三切圆（参见切线/切圆功能）。

⑤弧段变圆。在圆图标状态下，将光标移到圆弧上（光标呈手指形），单击"调整"键（鼠标右键），该弧段即变成整圆。

4) （切线、切圆输入）。将光标移到切线/切圆图标，单击"命令"键，该图标呈深色，即进入切线/切圆状态。在该图标状态下可以输入公切线和各种切圆。切圆的种类有过两点、过一点且与一线（圆）相切、两线（圆）相切、三点圆等二切圆和三切圆。

①二圆公切线。将光标移到任一圆的任意位置上，待光标呈手指形时，按下"命令"键（按住不放开），再移动光标至另一圆周上，呈手指形后释放"命令"键。在两圆之间出现一条深蓝色连线，再将光标移至该连线上，待光标呈手指形时，单击"命令"键，即完成公切线输入。为了系统能够准确无误地生成所需的公切线，连线的位置应当与实际需要的切线相近（因为二圆共可生成四条不同的公切线）。

②点圆切线。将光标移到与所需切线相连的点上，光标变成"×"形时按下"命令"键（按住不放开），再移动光标至圆周上的任意处，至光标呈手指形后释放"命令"键。在相连的点和圆之间出现一条深蓝色线，再将光标移至该连线上，光标变成手指形时，单击"命令"键即完成点圆切线输入。

③二切圆。首先在相切的两个图元间作一条深蓝色连线。光标移到第一个元素上，光标变成手指形（线或圆上）或"×"形（点上）时，按下"命令"键（按住不放开），再移动光标到第二个元素上（以光标变形为准）后，释放"命令"键。将光标移至该连线上（光标变成手指形），按下"命令"键并拖动光标（按住不放开），屏幕上将画出切圆，用光标点取半径数据框，可用键盘直接输入半径值（注：圆心修改无效，它由半径确定后自动计算得到）。

④外包二切圆。先在相切的两个图元间作一条深蓝色连线（方法同上），然后，将光标移入欲包入的圆内，单击鼠标左键，则圆内出现一个红色小圈，表示该圆将在生成的切圆内部。将光标移到出现的深蓝色连线上，按住"命令"键并移动光标，直至所需的半径后释放"命令"键。若半径数据不对，可用键盘直接输入（方法同上）。

⑤三切圆。首先按二切圆输入，移动光标时该切圆随着变动（半径增大或减少），在变化的切圆接近第三个元素（线或圆）时，该切圆变为红色，此时释放"命令"键，系统自动计算并生成三切圆。若无法生成三切圆，系统会作出提示。

⑥外包三切圆。作好连线（方法同上），在作三切圆之前，先将光标移入需外包的圆内，单击"命令"键，圆内出现一红色小圆标志，再将光标移到连线上，光标成手指形后，按住"命令"键并拖动光标，待该切圆成红色时，释放"命令"键，系统自动生成外包三切圆。

⑦三点圆。按三切圆方法在已知的两点间作一连线（光标从"×"形到"×"形），再把光标放在第三点上（光标成"×"形），单击"命令"键，三点圆即自动生成。

5) （椭圆输入）。在椭圆图标状态下，系统弹出椭圆输入对话框。光标移至 a 半轴边的深色框上单击"命令"键，框内出现一条黑线，同时弹出小键盘。用光标把 a 半轴参数输入（也可直接用大键盘输入，以下同），再输入 b 半轴参数。屏幕上显示相应的椭圆图形，单击"认可"按钮确认，即在绘图窗内画出标准椭圆图形。根据实际图样尺寸，可以设置对应的中心和旋转角度。

中心——椭圆中心在实际图样上的坐标值。

旋转——椭圆在实际图样上的旋转角度。

注意：该专用参数窗上的其他参数对椭圆无效。

参数设置完成后，单击"退出"按钮，返回主窗口。若要撤销本次输入，可用单击"放弃"按钮。

6）（过渡圆输入）。将光标移至两线段交点处（光标成"×"形），按下"命令"键（按住不放开），屏幕上提示"R ="，用键盘键入需要的 R 值即可绘出指定的过渡圆弧（由于任意两线段的交点处可以生成四个不同的过渡圆，所以光标要从所需圆弧的区域拉出，才能生成满足要求圆弧）。过渡圆的半径超出该相交线段中任一线段的有效范围时，过渡圆无法生成。

7）（辅助圆输入）。方法同普通圆输入，它仅起定位作用。图样上，非工件轮廓的圆弧都应以辅助圆作出。区别在于辅助圆弧段不参与切割，能被清理图标一下清除。

8）（辅助线输入）。方法同普通直线输入，仅起定位作用。

注：辅助圆/辅助线的输入应遵循"即画即用"的原则，一旦使用删除功能，系统会自动将所有辅助圆/辅助线删除。

9）（删除线段）。选择删除图标，屏幕左下角出现工具包图标，移动鼠标，可从工具包中取出剪刀形光标。将光标移至需删除的线段上，光标成手指形，该线段变红色，此时可单击"命令"键删除该线段；完成后，将剪刀形光标放回工具包，方可退出。

10）（查询）。在该图标状态下，光标移至线段上（成手指形）单击"命令"键，将显示该线段的参数（此时可对该线段数据进行修改）。

注：系统在各种曲线的参数窗口内一般显示 7 位有效数字，若希望观察其 7 位以上的精度，可将光标移至对应的数据框内，单击"调整"键（鼠标右键），系统将以 10 位有效数字显示数据。

11）（清理）。选择清理图标可进行以下清理操作。

①单击"命令"键拖至屏幕上——即系统自动删除辅助线和任何不闭合的线段。

②用于调整或选取已绘制图形——即删除辅助线，保留不闭合线段。

12）（重画）。选中该图标至屏幕上——系统重新绘出全部图形。

13）退格。系统主屏幕左上角出现房子形的黄色记忆包时，单击该标记，系统将撤销前一动作（注：记忆包成红色时，表示不可恢复态）。

14）非圆曲线的输入。单击椭圆、双曲线、抛物线、摆线、螺线、渐开线、齿轮、列表点、函数方程图标时，系统进入非圆曲线输入方式。

系统其他命令图标功能介绍见表5-7。

表5-7　系统其他命令图标功能介绍

命令图标	符号含义	功　　能
	齿轮输入	在参数窗下，输入模数、齿数、压力角、变位系数，单击"认可"按钮后，窗口中出现基圆半径、齿顶圆半径、齿根圆半径、渐开线起始角、径向距等参数，其中除基圆外都可修改
	抛物线输入	抛物线采用标准方程 $Y = K * \sqrt{X}$，并且只取第一象限的图形
	双曲线输入	双曲线输入窗口下键入 a、b 半轴系数。起、终点输入自变量 X 的区间（X 必须≥A半轴）。图形取第一象限部分
	渐开线输入	标准参数窗口下，输入基圆半径（渐开线的生成圆半径），起、终点为角度值
	摆线输入	标准参数窗口下，输入动圆、基圆半径（内摆线时，动圆半径取负值，普通摆线基圆半径取0值），系数（系数大于1为长幅摆线，小于1为短幅摆线），起、终点为角度值
	螺线输入	标准参数窗口下输入： 1）顶升系数：（起点极径—终点极径）／（起点角—终点角） 2）始角：起始角度（角度） 3）始径：起始极径 起、终点为角度取值范围
	列表曲线	标准参数窗上共有四个可控制输入部分，分别为起点、终点、极径 r 和极角 α。第一框为坐标轴系选择框，单击该框，可交替地选取 X-Y 坐标或极坐标。在 X-Y 坐标系下，输入 X-Y 值。在极坐标轴系下，输入极径 r 和极角 α。点号部分，可用来选择对某个特定数据进行输入、修改。参数窗右边的第二个上、下三角按钮可以控制输入（编辑）点号的递增和递减。起、终点分别为列表曲线起、终点处的方向角（一般可取0，由系统自动计算得到）
	任意方程输入	参数框中可以输入任意数值表达式（必须符合计算机语言的一般语法规则，乘法"＊"，除法"／"，幂用"＾"等）。常用的数学函数有：atan（tg − 1）、sin、cos、tan（tg）、log（ln）、Exp（ex）、sqrt（$\sqrt{}$）等

除上述图标命令以外，在标题栏"文件"、"编辑"、"编程"、"杂项"中还有一些相关的操作命令用以辅助绘图。

15）文件按钮。文件按钮下有以下选项。

①新图。清除全部屏幕图形和数据，坐标复原。相当于在新图纸上重新画图。

②存盘。将当前图形保存到指定文件中。

③打印。将当前屏幕图形或图形数据打印输出。

④挂起。将当前图形数据暂存于数据盘，屏幕复位，并在上方显示一暂存标志"s"。用光标单击该标志，可将暂存图形取出并显于屏幕。由"挂起"取出的图形与屏幕上已存在的图形不作自动求交处理。但是，可用点图标下的方法三单独作求交处理。

⑤拼接。将指定文件中的图形同当前屏幕显示图形合并，并且自动求出两个图形的全部

交点。

⑥删除。删除数据盘文档中指定的文件。

⑦退出。退出 YH 编程系统。

16）编辑按钮。编辑按钮下有以下选项。

①镜像。根据菜单选择，可将屏幕图形关于水平轴、垂直轴、原点或任意直线作对称复制。

a）线段的对称处理：光标单击需对称处理的线段（光标成手指形）。

b）指定图段的对称处理：光标单击需对称处理的图段（光标成"×"形）。

c）全部图形的对称处理：光标在屏幕空白区时，单击"命令"键。

d）任意直线作镜像线的方法：在屏幕右上角出现"镜像线"提示时，将光标移到作为镜像的直线上（光标成手指形），单击"命令"键，系统自动作出关于该直线的镜像。

②旋转。该菜单下，可作图段自身旋转、线段自身旋转、图段复制旋转、线段复制旋转。注意，图段表示相连的线段。

③等分。根据需要可对图形（图段或线段）进行等角复制、等距复制或非等角复制。

④平移。对图形系统的坐标轴或图（线）段作自身（复制）平移处理。

⑤近镜。可对图形的局部作放大观察。

⑥工件放大。可对图形的坐标数据缩放处理。根据需要，在弹出的参数窗内键入合适的缩放系数即可。缩放系数为任意数。

⑦直线延伸。在直线图标状态下，将光标移到需延伸的线段上，光标呈手指形后，单击"调整"键（鼠标右键），该直线即向两端延伸。

17）编程实例：

例 5-1　根据工件图形（见图 5-20），先画圆 C1 和 C2。由于 C1、C2 是定圆，可采用键盘命令输入，在圆标的状态下，把光标移入键盘命令框，在弹出的输入框中按格式输入：

[0，0]，40（回车）

[0，80]，10（回车）

圆 C1 和 C2 完成后，作圆 C2 的切线 L3 和圆 C1、C2 间的公切线 L2。

选择点图标（光标移入点图标，单击"命令"键），将光标移入键盘命令框，键入：

[-20，-40]（回车）

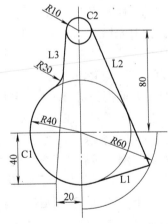

图 5-20　线切割实例一

屏幕上作出一点。单击切线图标，将光标移到点"-20，-40"上，光标变成"×"形后，按下"命令"键（按住不放），移动光标，拉出一条蓝色连线至圆 C2 左侧圆周上，待光标变成手指形后，释放"命令"键；光标变成"田"形，再移动光标至该深色连线上，光标变成手指形时单击"命令"键，即生成切线 L3。将光标移到圆 C1 上，单击"命令"键，再移到圆 C2 上，生成一条蓝色连线，单击该连线，即完成切线 L2。

在辅助圆图标状态下作辅助圆，在键盘命令框中，键入：[0，0]，60（回车）

屏幕画出该辅助圆。延长直线 L2，使之与辅助圆相交。方法：在直线图标状态下，将光标移至直线 L2 上，待光标变成手指形时，单击"调整"键（鼠标右键），L2 向两边延长，延长的 L2 与辅助圆得一交点。利用该交点，可作与 C1 的切线 L1。

再选择切线图标，光标移到此交点上，按下"命令"键后（按住不放），光标移到圆 C2 上再释放"命令"键。单击作出的深色连线，即完成切线 L1。

最后作过渡圆 R20。方法：在过渡圆图标状态下，将光标移至交点处，待光标变成手指形时，按下"命令"键（按住不放），同时向左上方拉出一条引线后，释放"命令"键，用弹出的小键盘输入"20（回车）"，即得过渡圆。

画完后进行清理、剪除（注：对于复杂图形，要边画边清除）。光标移动清理图标上单击"命令"键，移入主屏幕，系统自动清除非闭合线段和辅助圆。然后光标在剪刀形图标上单击一下，从屏幕左下方出现的工具包中取出剪刀形光标，移至不要的线段上，使它变红，光标变成手指形时，单击"命令"键就能将其剪除。

修剪完成后，可进行切割编程，以下略。

例 5-2 根据工件图形（见图 5-21），用键盘命令框输入圆 C1：［30，20］，10（回车）。光标选择"编辑"→"镜像"→"水平轴镜像"；光标选择"编辑"→"镜像"→"垂直轴镜像"，得四个小圆。

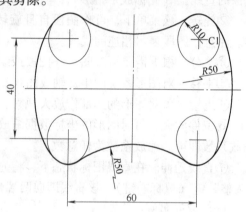

图 5-21　线切割实例二

作外公切圆：在切线切圆状态下，光标移至第二象限圆的右侧圆周上，呈手指形，单击"命令"键并移动光标，拉出一条连线至第一象限圆的左侧圆周上，也呈手指形，释放"命令"键。此时光标变成"田"形，移至连线上变成手指形，按下"命令"键（按住不放）向上移动，在弹出的参数窗中看半径的变化。当半径为"50"时释放"命令"键（如有错误可修改），单击"YES"按钮退出，得公切圆。取出剪刀光标把公切圆的上半部剪除。

作外包切圆：在切圆状态下，光标在第二、第三象限的小圆间拉条连线，光标变成"田"形。光标移至两个小圆内各单击"命令"键，打上两个小红圆圈，然后把光标移至连线上变成手指形，按住"命令"键向右移动，使半径变化至"50"，此时释放"命令"键，单击"YES"按钮退出。取出剪刀光标把包切圆的右半边剪除。

两次镜像把另外两段圆弧对称出来。取出剪刀光标把小圆弧上的无效段剪除，完成全部图形。

例 5-3 根据工件图形（见图 5-22），过原点作两条互相垂直的中心线，直线 L1（斜角 = 80°，线程大于 90mm），直线 L2（斜角 = 340°）。光标选择"编辑"→"平移"→"线段自身平移"，光标变成"田"形，光标移至 L1 上变成手指形时，按住"命令"键（按住不放）并向右拉，L1 随光标平行移动，同时跳出平移参数窗。当平移距离为"20"

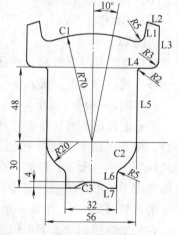

图 5-22　线切割实例三

时，释放"命令"键，平移完成。屏幕提示"继续"，同样把直线 L2 向上平移"86"。L1 和 L2 相交于一点。

以 L1 和 L2 的交点为圆心作半径为 8mm 的辅助圆，得径距为 8mm 的交点。从该交点处作垂直线 L3。以原点为圆心，作圆 C1。用剪刀光标剪除在 C1 内的 L1 线段。

在圆 C1 内作平行线 L4（Y = 48mm），使得和 L3 相交，作垂直线 L5（X = 28mm）和 L4 相交，作水平线 L7（Y = −30mm）和圆 C3 相交，作垂直线 L6（X = 16mm）和 L7 相交。

作圆 C3（[0，−41]，15）和圆 C2（[8，0]，20）。清理剪除，作过渡圆。

光标选择"编辑"→"镜像"→"垂直轴"，得对称图形。清理剪除，完成全部图形。

18）编程按钮。

切割编程：该模块下对工件图形轮廓作模拟切割。

用光标选择编程按钮，并选取"切割编程"选项，在屏幕左下角出现的工具包图符中取出丝架状光标，屏幕右上方显示"穿丝孔"，提示用户选择穿孔位置。位置选定后，按住"命令"键并移动光标（"命令"键不能释放）至切割的首条线段上（移到交点处光标变成"×"形，在线段上为手指形），释放"命令"键。该点处出现一指示牌"▲"，屏幕上出现加工参数窗（见图 5-23）。此时，可对孔位、起割点、补偿量、平滑（尖角处过渡圆半径）作相应的修改和选择，代码统一为 ISO 格式。单击"YES"按钮确认后，参数窗消失，出现"路径选择窗"（见图 5-24）。

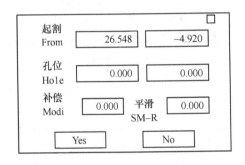

图 5-23　加工参数窗

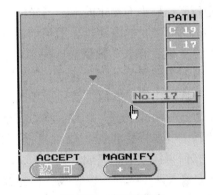

图 5-24　路径选择窗

注意：起割点的选择，具有自动求交功能。例如，起割点选在某一圆周上，将引线连到该圆上（光标成手指形），出现加工参数窗后，单击起割点坐标的数据框（深色框），根据具体要求，只要输入 X 或 Y 坐标中的一个，另一个值系统会自动求出。

19）YH 系统的基本操作方法举例。下面通过一个简单的实例，介绍 YH 系统的基本编程方法。工件形状如图 5-25 所示。该工件由九个同形的槽和两个圆组成。C1 的圆心在坐标原点，C2 为偏心圆。

首先输入 C1。将光标移至图标 ⊚ 处，单击"命令"键，该图标呈深色。然后将光标移至绘图窗内，此时，屏幕下方提示行内的光标位置框显示光标当前坐标。将光标移至坐标原点（注：有些误差无妨，稍后可以修改），按住"命令"键（按住不放），屏幕上将弹出圆参数窗（见图 5-26）。

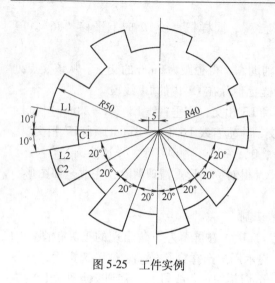

图 5-25 工件实例

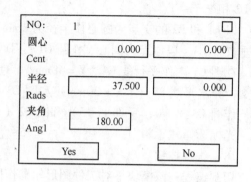

图 5-26 圆参数窗

参数窗的顶端有两个记号，No：0 表示当前输入的是第 0 条线段。右边的方形小按钮为放弃控制钮。"圆心"栏显示的是当前圆心坐标（X，Y），"半径"的两个框分别为半径和允许误差，"夹角"指的是圆心与坐标原点间连线的角度。

圆心找到后，接下来确定半径。按住"命令"键移动光标（按住不放），屏幕上将画出半径随着光标移动而变化的圆，当光标远离圆心时，半径变大；当光标靠近圆心时，半径变小。参数窗的半径框内同时显示当前的半径值。移动光标直至半径值显示为"40"时，释放"命令"键，该圆参数就输入完毕。若由于移动位置不正确，参数有误，可将光标移至需要修改的数据框内（深色背框），单击"命令"键，屏幕上即刻将浮现一数字小键盘。用光标箭头选择相应的数值，选定后单击"命令"键，就输入一位数字，输入错误，可以用小键盘上的退格键"←"删除。输入完毕后，按下"回车"键结束。

注意：出现小键盘时，也可直接用大键盘输入，下同。参数全部正确无误后，单击"Yes"按钮，该圆输入完成。

下面输入两条槽的轮廓直线，将光标移至直线图标，单击"命令"键，该图标转为深色背景，再将光标移至坐标原点，此时光标变成"×"形，表示此点已与第一个圆的圆心重合，单击"命令"键，屏幕上将弹出直线参数窗（见图 5-27）。按住"命令"键（按住不放），移动光标，屏幕将画出一条随光标移动而变化的直线，参数的变化反应在参数窗的各对应框内。该例中直线 L 的关键尺寸是斜角 = 170°（斜角指的是直线与 X 轴正方向的夹角，逆时针方向为正，顺时针为负），只要拉出一条角度等于 170°的直线就可以（注意：这里弦长应大于 55mm，否则将无法与外圆相交）。角度至确定值时，释放"命令"键，直线输入完成。同理，可用光标对需要进一步修改的参数作修改，全部数据确认后，单击"Yes"按钮退出。

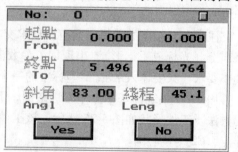

图 5-27 直线参数窗

第二条直线槽边线 L2 是 L1 关于水平轴的镜像线，可以利用系统的镜像变换作出。将光标移至编辑按钮，单击"命令"键，屏幕上将弹出一编辑功能菜单，选择"镜像"选项又将弹出四种镜像变换选择的二级菜单。选择"水平轴"选项（这里所说的选择，均指将光标移至对应菜单项内，单击"命令"键）屏幕上将画出直线 L1 的水平镜像线 L2。

画出的这两条直线被圆分隔，圆内的两段直线是无效线段，因此可以先将其删去。将光标移至剪除图标（剪刀形图标）内，单击"命令"键，图标窗的左下角出现工具包图符。从图符内取出一把剪刀形光标，移至需要删去的线段上。该线段变红，控制台中发出"嘟"声，此时可单击"命令"键（注意：光标不能动），就可将该线段删去。删除两段直线后，由于屏幕显示的误差，图形上可能会有遗留的痕迹而略有模糊。此时，可用光标选择重画图标 ，图标变深色，光标移入屏幕中，系统重新清理、绘制屏幕。

该工件其余的 8 条槽轮廓实际是第一条槽的等角复制，选择编辑菜单中的"等分"项，选择"等角复制"选项，再选择"图段"选项（因为这时等分复制的不是一条线段），光标将变成"田"形，屏幕的右上角出现提示"中心 Cent"，意思是指需要确定等分中心。移动光标至坐标原点（注：本图形的等分中心就在坐标原点），单击"命令"键，屏幕上弹出参数窗（见图 8-28）。用光标在"等分"和"份数"框内分别输入"9"和"9"（"等分"指在 360°的范围内，对图形进行几等分；"份数"是指实际的图形上有几个等分数）。参数确认无误后，单击"Yes"按钮退出。屏幕的右上角将出现提示"等分体Body"，提示用户选定需等分处理的图段，将光标

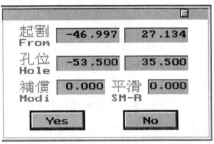

图 5-28　等分参数窗

移到已画图形的任意处，光标变成手指形时，单击"命令"键，屏幕上将自动画出其余的 8 条槽轮廓。

最后输入偏心圆 C2。输入的方法同第一条圆弧 C1（注：若在等分处理前作 C2，屏幕上将复制出 9 个与 C2 同形的圆）。鼠标使用不熟练时用光标找 C2 的圆心坐标比较困难，输入圆 C2 较简单的方法是用参数输入方式。方法是：光标在圆图标上单击"命令"键，移动光标至键盘命令框内，在弹出的输入框上用大键盘按格式输入：[-5，0]，50（回车）即得到圆 C2。为提高输入速度，对于圆心和半径都确定的圆可用此方法输入。

此时图形全部输入完毕，但是屏幕上有不少无效的线段，对于两条圆弧上的无效段，可以利用系统中提供的交替删除功能快速地删除。将剪刀形光标移至要删去的任一圆弧段上，该圆弧段变红时单击"调整"键，系统将自动删除圆周上的无效圆弧段。连续两次使用交替删除功能，可以删去两条圆弧上的无效圆弧段。余下的无效直线段，可以用清理图标 功能解决。在此功能下，系统能自动将非闭合的线段一次性除去。在图标 上单击"命令"键，图标变色，把光标移入屏幕即可（注：用 进行清理时，所需清理的图形必须是闭合的）。

用 清理后，屏幕上将显示完整的工件图形。可以将此图形存盘，以备后用。方法：

先将光标移至图号框内，单击"命令"键，框内将出现黑色底线，此时可以用键盘输入图号（不超过 8 个符号），按"回车"键结束，该图形就以指定的图号自动存盘。

在编程按钮上单击"命令"键，在系统弹出的菜单中单击"切割编程"选项，屏幕左下角出现工具包图符，从工具包图符中可取出丝架状光标，屏幕右上方显示"丝孔 Hole"，提示用户选择穿孔位置。位置选定后，按住"命令"键（按住不放），并移动光标，拉出一条连线，使之移到要切割的首条线段上（移到交点处光标变成"×"形，在线段上为手指形），释放"命令"键，该点处出现一指示牌"▲"，屏幕上出现加工参数设定窗（见图 5-23）。此时，可对孔位及补偿、平滑（尖角处过渡圆半径）作相应的修改。单击"Yes"按钮确认后，参数窗消失，出现"路径选择窗"（见图 5-24）。

"路径选择窗"中的红色指示牌处是起割点，左右线段表示工件图形上起割点处的左右各一线段，分别在窗边用序号代表（C 表示圆弧，L 表示直线，数字表示该线段作出时的序号：0~n。窗中"＋"表示放大钮，"－"表示缩小钮，根据需要用光标每点一下就放大或缩小一次。选择路径时，可直接用光标在序号上单击"命令"键，序号变黑底白字，单击"认可"按钮即完成路径选择。当无法辨别所列的序号表示哪一线段时，可用光标直接指向窗中图形的对应线段上，光标变成手指形，同时出现该线段的序号，单击"命令"键，它所对应线段的序号自动变黑色。路径选定后单击"认可"按钮，"路径选择窗"即消失，同时火花沿着所选择的路径方向进行模拟切割，到"OK"结束。如工件图形上有交叉路径，火花自动停在交叉处，屏幕上将再次弹出"路径选择窗"。同前所述，再选择正确的路径直至"OK"。系统自动把没切割到的线段删除，成一完整的闭合图形。

火花图符走遍全部路径后，屏幕右上角出现"加工开关设定窗"（见图 5-29），其中有五项选择：加工方向、锥度设定、旋转跳步、平移跳步和特殊补偿。

加工方向有左右向两个三角形，分别代表逆/顺时针方向，红底黄色三角为系统自动判断方向。一般情况下，加工凸件，系统为默认方向，无需改动；而加工凹件与电极丝的走向有关。顺时针加工，黑色箭头在右；逆时针加工，黑色箭头在左。特别注意：系统自动判断方向是否与火花模拟走的方向一致，则取决于程序代码上所加减的补偿量。若系统自动判断方向与火花模拟切割的方向相反，可用"命令"键重新设定：将光标移到正确的方向位，单击"命令"键，使之成为红底黄色三角即可。单击图 5-29 右上角的小方块按钮可退出（该菜单中

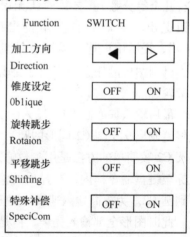

图 5-29　加工开关设定窗

有代码打印、代码显示、代码存盘、三维造型和退出选项）。选择【代码显示】（显示自动生成的 ISO 代码，以便核对。在参数窗右侧，有两个上、下翻页按钮，可用于观察在当前窗内无法显示的代码），用光标选取参数窗左上方的撤销钮"■"，可退出显示状态。将光标放入左下角的工具包内，再次选择【送控制台】将程序送到控制台以便加工。光标按此功能键，系统会自动把当前编好的程序送入"YH 控制系统"中进行控制操作。同时编程系统会自动把图形"挂起"保存。若控制系统正处于加工或模拟状态时，将会出现"控制台忙"，禁止代码送入的提示。

至此，一个完整的工件编程过程结束，即可进行实际加工。单击屏幕左上角的"YH"窗口切换标志，系统在屏幕左下角弹出一窗口，显示控制台当前的坐标值和当前代码段号。该窗口的右下方有一标记"CON"，若单击该"CON"，即返回控制屏幕，同时把 YH 编程屏幕上的图形"挂起保存"。若单击该弹出窗口左上角的"—"标记，将关闭该窗口。

（3）控制屏幕简介

1）本系统所有的操作按钮、状态、图形显示全部展现在屏幕上。各种操作命令均可用鼠标或相应的按键完成。鼠标操作时，可移动鼠标，使屏幕上显示的箭状光标指向选定的屏幕按钮或位置；然后单击鼠标左键。现将各种屏幕控制功能介绍如下（见图 5-30）。

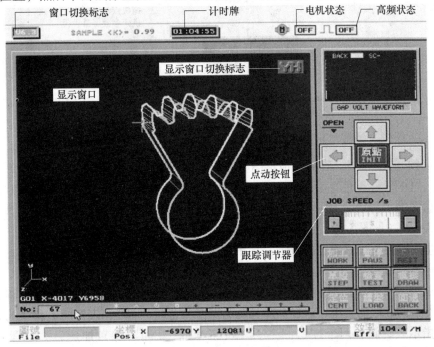

图 5-30 YH 控制屏幕

① "显示窗口"。该窗口下可显示加工工件的图形轮廓、加工轨迹或相对坐标、加工代码。用鼠标单击（或按"F10"键）显示窗口切换标志——红色"YH"，可改变显示窗口的内容。进入系统时，首先显示图形，以后每单击一次该标志，依次为"相对坐标"、"加工代码"、"图形"、……。其中相对坐标方式以大号字体显示当前加工代码的相对坐标。

② "间隙电压指示"。显示放电间隙的平均电压波形（也可以设定为指针式电压表方式，参见"参数设定"）。在波形显示方式下，指示器两边各有一条 10 等分线段，空载间隙电压定为 100%（即满幅值），等分线段下端的黄色线段指示间隙短路电压的位置。波形显示的上方有两个指示标志：短路回退标志"BACK"，该标志变红色，表示短路；短路率指示"SC"，表示间隙电压在设定短路值以下的百分比。

2）屏幕功能转换示意图（见图 5-31）。

① "电动机开关状态"。在电动机标志右边有状态指示标志"ON"（红色）或"OFF"（黄色）（见图 5-30）。"ON"状态，表示电动机通电锁定（进给）；"OFF"状态为电动机释放。单击该标志可改变电动机状态（或用数字小键盘区的"Home"键）。

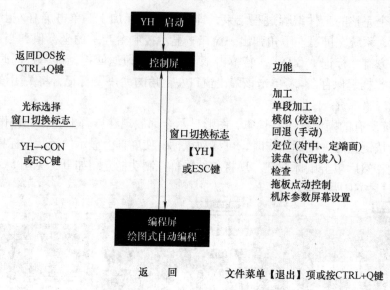

图 5-31　屏幕功能转换示意图

②"高频开关状态"。在脉冲波形图符右侧有高频电压指示标志。"ON"（红色）表示高频开启，"OFF"（黄色）表示高频关闭（见图5-30）；单击该标志可改变高频状态（或用数字小键盘区的"PgUp"键）。在高频开启状态下，间隙电压指示显示间隙电压波形。

③"BACK（见图5-30）"。单击该按钮（或按"B"键），系统作回退运行，至当前段退完时停止；若再单击该键，继续前一段的回退。该功能不自动开启电动机和高频，可根据需要由用户事先设置。

④"跟踪调节器（见图5-30）"。该调节器用来调节跟踪的速度和稳定性，调节器中间红色指针表示调节量的大小；表针向左移动为跟踪加强（加速），表针向右移动为跟踪减弱（减速）。指示表两侧有两个按钮，"＋"按钮（或"End"键）加速，"－"按钮（或"PgDn"键）减速；调节器上方英文字母 JOB SPEED/S 后面的数字量表示加工的瞬时速度，单位为步数/s。

⑤"图形显示调整按钮（见图5-32）"。这六个按钮有双重功能，在图形显示状态时，其功能依次为：

"＋"或"F2"键：图形放大 1.2 倍。

"－"或"F3"键：图形缩小 0.8 倍。

"←"或"F4"键：图形向左移动 20 单位。

"→"或"F5"键：图形向右移动 20 单位。

"↑"或"F6"键：图形向上移动 20 单位。

"↓"或"F7"键：图形向下移动 20 单位。

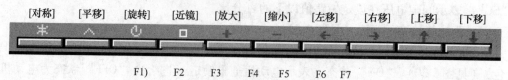

图 5-32　图形显示调整按钮

⑥"坐标"显示。屏幕下方"坐标"部分显示 X、Y、U、V 的绝对坐标值（见图 5-30）。

⑦"效率见图 5-30"。此处显示加工的效率，单位：mm/s；系统每加工完一条代码，即自动统计所用的时间，并求出效率。将该值乘上工件厚度，即为实际加工效率。

"窗口切换标志"。单击该标志或按"ESC"键，系统转换成"YH"绘图式编程屏幕（见图 5-30）。

3）操作。

①模拟校验。单击"模拟"（或"D"键），系统以插补方式快速绘出加工轨迹，以此可验证代码的正确性。

机床功能检查：

a）单击屏幕上方的电动机状态标志（或按小键盘区的"Home"键），使得该指示标志成为红色"ON"。检查机床手柄，各相电动机应处于锁定状态。再次单击电动机状态标志，使该标志恢复为"OFF"，电动机均应失电。

b）单击屏幕上方的高频标志（或按小键盘区的"PgUp"键），使得该标志成为红色"ON"，屏幕间隙电压波形指示应为满幅等幅波（若不满幅，应调整间隙电压取样部份的有关参数，该参数出厂时已设置，用户不应随意调整）。机床工件、钼丝相碰时应出现火花，同时电压波形出现波谷，表示高频控制部分正常。

c）关闭高频"OFF"，开启电机"ON"，再单击"模拟"按钮，机床应空走，以此可检验机床是否有失步及控制精度等情况。

在模拟过程中，单击"+"或"-"键（电动机为"ON"状态），可调节模拟的速度。

若需中止模拟过程，可单击"暂停"按钮。

②加工。工件安装完毕，程序准备就绪后（已模拟无误），可进入加工。

a）本系统的主要调整部分为屏幕上的跟踪调节器，该表两侧有两个调整按钮，"+"表示跟踪加强，"-"表示跟踪减弱。在正式切割前，应将表针移至中间偏右位置。

机床、工件准备就绪后，单击"加工"或按"W"键（若需要计算加工工时，应首先将计时牌清零——单击计时牌或按"F9"键），即进入加工状态（系统自动开启电动机及高频）。

b）进入加工态后，一般有以下几种情况：

非跟踪态——间隙电压满幅，加工电流为零或很小，屏幕下方的加工坐标无变化。

处理：按跟踪加强钮"+"（或按"End"键），表针左移，直至间隙波形（电压）出现峰谷，坐标开始计数。

欠跟踪态——加工电流过小，且摆动。

处理：按跟踪加强钮"+"（或按"End"键），直至加工电流、速度（跟踪调节器上方的瞬时速度值）稳定。

过跟踪态——经常出现短路回退。

处理：按跟踪减弱钮"-"（或按"PgDn"键），使得加工电流刚好稳定为止。

若需要暂停加工，可按"暂停"按钮或按"P"或"Del"键；再次按"加工"钮可恢复加工。

加工状态下，屏幕下方显示当前插补的 X - Y，U - V 绝对坐标值，显示窗口绘出加工工件的二/三维插补轨迹。

c) 大厚度工件的切割。切割大厚度工件时，由于排屑困难，会造成加工不稳。此时，可以降低（限制）机床的最大速度，使得加工速度较为平稳。具体方法如下：

加工时，按"+"键，提高最大速度；按"-"键，降低最大速度。每次按键后，屏幕上显示 MAX：* * *，数值表示当前最大加工速度（步数/s）。

在控制屏幕上方有一行提示 SAMPLE < K > = 0. 85 其中 < K > = 0. 85 表示采样部分的放大系数，用键盘上的"<"，">"键可以调节该系数的大小，通过调节该系数，可适应不同的高频电源和工件厚度。若间隙电压波形在峰与谷之间跳动，一般可降低放大系数。

注意：最大速度一般应设为实际最大加工速度的 1 ~ 1. 5 倍（跟踪调节器上方显示加工的实际加工速度）。

③单段加工。工件、程序准备就绪，单击"单段"按钮（或按"S"键），系统自动打开高频和驱动电源，开始插补加工。跟踪调节器的使用以及间隙波形、加工坐标的显示都与"加工"相同，当前程序段加工结束，系统自动关闭高频，停止运行。再次单击"单段"按钮，继续进行下段加工。

如在加工状态下单击"单段"按钮，系统将执行本条停功能（加工至当前代码段结束）。

④回退功能。系统具有自动/手动回退功能。

在加工或单段加工中，一旦出现高频短路情况，系统即停止插补。若在设定的控制时间（参见机床参数设置）内短路达到设定的次数（可由屏幕设定，例：90%——参见"机床参数设置"），系统将自动回退（回退的速度可由屏幕设定——参见"机床参数设置"）。若在设定的控制时间内，仍不能消除短路现象，系统将自动切断高频，停机。

系统处在自动短路回退状态时，间隙指示器（波形方式显示时）上的回退标志显示为红色，插补轨迹也显示为红色。

在系统静止状态（非"加工"或"单段"），单击"回退"按钮（或按"B"键），系统作回退运行。速度恒定为系统设置值，回退至当前段结束时，自动停机。

⑤自动定位（中心、端面）。系统可依据屏幕设定，自动定中心及 ±X、±Y 四个端面。

定位方式选择：

a) 单击参数窗标志"OPEN"（或按"O"键），屏幕上将弹出参数设定窗，可见其中有"定位 LOCATION XOY"一项。

b) 将光标移至"XOY"处单击"命令"键，依次为 XOY、Xmax、Xmin、Ymax、Ymin，其意义为：

XOY——型腔中心定位。

Xmax—— +X 方向定位。

Xmin—— -X 方向定位。

Ymax—— +Y 方向定位。

Ymin—— -Y 方向定位。

c) 选定合适的定位方式后，单击参数设定窗左下角的"CLOSE"标志。

定位：单击电动机状态标志，使其成为"ON"（原为"ON"可省略）。单击"定位"

钮按（或"C"键），系统将根据选定的方式自动进行。在钼丝遇到工件某一端面时，屏幕会在相应位置显示一条亮线。单击"暂停"按钮可中止定位操作。

⑥检查功能。按下检查钮，系统以单步插补方式运行。若电动机状态为"ON"，将控制机床相应的动作。此方式下可检查系统插补及机床的功能是否正常。

（4）TurboCAD 软件编程操作

1）开机。合上墙上的电源开关→右旋控制柜的开关→右旋红色急停开关旋钮→按下绿色开关。

2）关机。按下红色急停开关→左旋控制柜开关→切断墙上总电源。

3）进入自动编程（绘图区）。选取"进入自动编程"→回车→输入 Tcad→回车，如下图 5-33 所示。

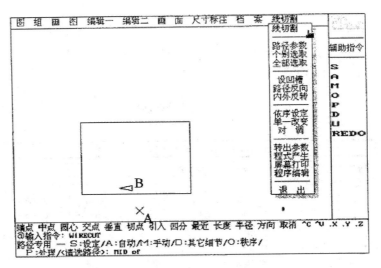

图 5-33　自动编程界面

第一步：

①将绘制好的图形串接成封闭的复线：工具栏"编辑二"→"单一串接"在主菜单中选择"线切割"，再选择下拉菜单的"线切割"选项，如图 5-34 所示。

然后单击 M（或直接在命令区键入 M），则屏幕下方将有提示：

点取［起割点位置］或输入［引入线长］：

②然后单击起割点（注意：起割点是在切割路径选取前，在画图时提前做出一个起点位置点，即刀具的起始位置点）。

选取引入，然后选取作好的引入该点，选取后，屏幕下提示："请选取图元的切入边及进入点"。

③选取切入图形的位置，然后选取切割方向，单击节入点一侧的任一位置，确定好切割方向后，则切割方向将沿该方向开始加工。

第二步：

①重新选取下拉菜单中的线切割，然后单击 P（处理/路径选择）。

②单击 S 转到设定状态，然后出现图 5-35 所示画面，这时可进行程式转出参数的设定。

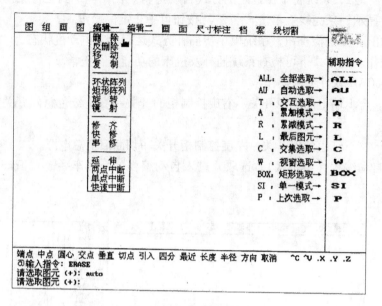

图 5-34　加工路线选择

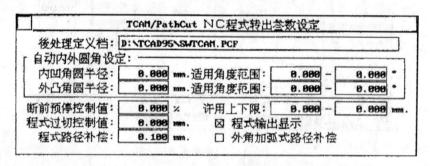

图 5-35　参数设定框

说明：

程式路径补偿值的设定，在加工过程中称为偏移量，这是因为在实际加工中，应考虑由钼丝半径、钼丝放电间隙及模具的配合间隙引起的 R 为

$$R = 钼丝半径 + 钼丝放电间隙 - 加工模具的配合间隙$$

本机床采用的钼丝直径为 0.18mm，在加工过程中路径补偿间隙一般选择 0.1mm。

③设定完毕，退出。单击鼠标右键，进行存档，输入新的 NC 程序名，单击"OK"键确认，如图 5-36 所示。

注意：锥度画图进程与普通画图大致相同，不同之处是锥度画图需要从同一引入点进行两次引入切割，其余部分和无锥度操作步骤相同，如图 5-37 所示。

4）进入控制系统——加工状态（无锥度加工）。选中绘图栏中的"档案"→"放弃作图"→"YES"确定（退出作图界面）。输入 CNC2→回车→选择"进入加工状态"→选择"无锥度加工"。

利用 F3、F4、F5 或 F7 调出已保存的文件，方法如下：按下 F3、F4、F5 或 F7→再输入

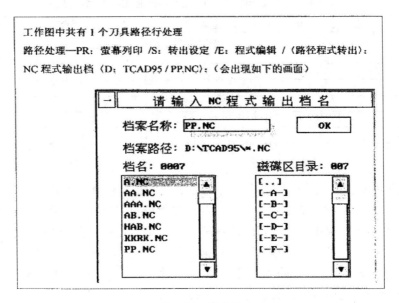

工作图中共有1个刀具路径行处理
路径处理—PR：萤幕列印 /S：转出设定 /E：程式编辑 /〈路径程式转出〉：
NC 程式输出档〈D：TCAD95 / PP.NC〉：（会出现如下的画面）

图 5-36　保存框

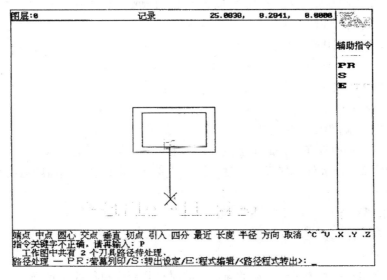

图 5-37　锥度路径选择

C：/ TCAD/＊（文件名）.NC→回车→再回车。

F1（XY 移动）、F2（加工方式）、F3（加工文件）、F4（编程）、F5（图形显示）、F6（间隙补偿值）、F7（加工预演）、F8（开始加工）。

模拟加工：退出当前的 F 键操作，按下"F7"键，模拟加工路线，完成后回车结束。

准备加工：装夹好工件，穿好钼丝、定好位后，打开电动机和切削液，待钼丝和切削液正常运作，根据工件的厚度选择好脉宽、进给、电流管子个数（参照表 5-8）再按下变频、进给、加工、高频开始加工（F8）按钮。

表 5-8　45、GCr15、40Cr、CrWMn 加工参数对照表

工件厚度/mm	脉宽（档）	进给位置	电流（管子个数）	丝速（档）
0 ~ 5	6	6:00 ~ 7:00	5	1
5 ~ 10	6 ~ 7	6:00	5	1(2)
10 ~ 40	7 ~ 8	5:00	5 ~ 6	2
40 ~ 100	8	4:00	6	2
100 ~ 200	8	3:30 ~ 4:00	6 ~ 7	2
200 ~ 300	8 ~ 9	3:00 ~ 3:30	7 ~ 8	3
300 ~ 500	9 ~ 10	2:30 ~ 3:00	7 ~ 9	3

（5）电极丝的选择与调整

1）电极丝的选择。电极丝应具有良好的导电性和抗电蚀性、抗拉强度高、材质均匀。常用电极丝有钼丝、钨丝、黄铜丝和包芯丝等。钨丝抗拉强度高，直径在 0.03 ~ 0.1mm 范围内，一般用于各种窄缝的精加工，但价格昂贵；黄铜丝适用于慢速加工，加工表面的表面粗糙度和平行度较好，蚀屑附着少，但抗拉强度差，损耗大，直径在 0.1 ~ 0.3mm 范围内，一般用于慢速走丝单向加工；钼丝抗拉强度高，适用于快速走丝加工，我国大部分快速走丝机床都是选用钼丝作为电极丝，直径在 0.08 ~ 0.2mm 范围内。

电极丝的选用应根据切缝宽窄、工件厚度和拐角尺寸大小来选择。若加工带尖角、窄缝小的模具应选用较细的电极丝，若加工大厚度的工件或大电流切割时，应选用较粗的电极丝。电极丝的主要类型和规格如下：

钼丝直径：0.08 ~ 0.2mm。

钨丝直径：0.03 ~ 0.1mm。

黄铜丝直径：0.1 ~ 0.3mm。

包芯丝丝直径：0.1 ~ 0.3mm。

2）穿丝孔和电极丝切入位置的选择。穿丝孔是电极丝相对工件运动的起点，同时也是程序执行的起点，一般选在工件的基准点处，为缩短开始切割时的切入长度，穿丝孔也可选在距离型孔边缘 2 ~ 5mm 处。加工凸模时，为减小变形，电极丝切割时的运动轨迹与边缘的距离应大于 5mm。

3）正确选择穿丝孔、进刀线和退刀线。

①穿丝孔是进行线切割加工之前，采用的其他加工方法（如钻孔、电火花穿孔）在工件上加工的工艺孔。

②穿丝孔是钼丝相对于工件运动的起点，同时也是程序执行的起始位置。

③穿丝孔的位置应选在容易找正，并且在加工过程中便于检查的位置。

④穿丝孔的位置应设在工件上。

⑤进刀线和退刀线的选择也同样应该注意穿丝孔位置的选择。

五、设备的维护与保养

1）工作运动部位应严格按润滑要求进行润滑，导轮轴承每周一定要用煤油冲洗一次，每次要多加注润滑油，务必挤出残留的工作液。

2）丝架上、下臂应经常清洗，及时将工作液、电蚀产物清洗掉。

3）工作液应勤换，管道应通畅。

4）导轮、导电块、断丝保护块表面应保持清洁。

5）卷丝铜在换向时，如有抖动或振动，应检查各有关零部件是否松动，并及时调整。

6）设备在使用一段时间后，应检查校正钼丝与工作台的垂直度。更换导轮后，应重新校正钼丝与工作台的垂直度。

六、实训效果考核

1）利用两种软件绘制图5-38和图5-39所示图形，并自动编程生成程序代码进行加工，练习钼丝的找正和工件的装夹。

2）实训报告书。

注意：本单元主要是针对校内实训，且是在理论知识充沛的前提下进行的，故有些知识省略。

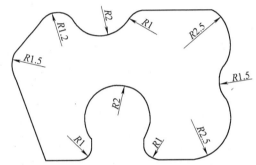

图 5-38　软件绘制图一

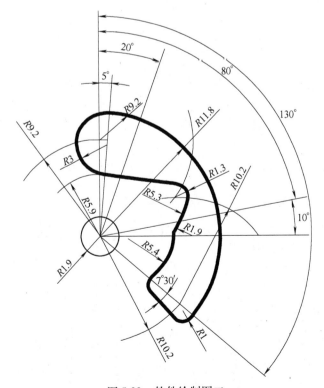

图 5-39　软件绘制图二

参 考 文 献

[1] 李河水. 数控加工编程与操作 [M]. 北京：机械工业出版社，2011.

[2] 全国数控培训网络天津分中心. 数控编程 [M]. 2 版. 北京：机械工业出版社，2007.

[3] 张思弟. 数控编程加工技术 [M]. 北京：化学工业出版社，2005.

[4] 王爱玲. 数控机床操作技术 [M]. 北京：机械工业出版社，2008.

[5] 袁锋. 全国数控大赛试题精选 [M]. 北京：机械工业出版社，2008.